工程车辆液压系统智能故障诊断技术

宋仁旺 著

西安电子科技大学出版社

内 容 简 介

近年来，我国工程车辆的保有量持续增加，对其故障诊断技术的关注度也持续上升。随着信息技术应用创新产业的快速发展，我国工程车辆的智能故障诊断技术也有了明显改善。

本书以工程车辆液压系统为研究对象，研究内容涉及液压系统的状态监测、特征信息提取、信息融合、信息传输、智能故障诊断等技术，其目的是提升我国工程车辆行业的技术和服务水平，增强国产工程车辆在国际市场上的竞争能力。

本书可作为高等院校电子信息、工程机械、车辆工程、计算机工程应用等专业高年级本科生和研究生的参考资料，亦可作为工程机械相关从业人员及从事设备健康管理、寿命预测和故障诊断研究工作的专业人员的参考资料。

图书在版编目(CIP)数据

工程车辆液压系统智能故障诊断技术 / 宋仁旺著. —西安：西安电子科技大学出版社，2022.7
ISBN 978 - 7 - 5606 - 6458 - 3

Ⅰ. ①工…　Ⅱ. ①宋…　Ⅲ. ①工程车—液压传动系统—故障诊断　Ⅳ. ①U469.603

中国版本图书馆 CIP 数据核字(2022)第 082764 号

策　　划　刘玉芳　薛英英
责任编辑　刘玉芳
出版发行　西安电子科技大学出版社(西安市太白南路 2 号)
电　　话　(029)88202421　88201467　　　邮　　编　710071
网　　址　www. xduph. com　　　　　　电子邮箱　xdupfxb001@163.com
经　　销　新华书店
印刷单位　陕西天意印务有限责任公司
版　　次　2022 年 7 月第 1 版　2022 年 7 月第 1 次印刷
开　　本　787 毫米×960 毫米　1/16　印张 9
字　　数　140 千字
印　　数　1～1000 册
定　　价　32.00 元
ISBN 978 - 7 - 5606 - 6458 - 3 / U

XDUP 6760001 - 1

＊ ＊ ＊ 如有印装问题可调换 ＊ ＊ ＊

前　言

随着我国经济的飞跃发展和基础设施建设的火热进行，工程车辆保有量快速增加，伴随着工程车辆的广泛应用，对其持续稳定工作的需求越来越迫切，对其相关设备故障诊断技术的关注度也持续上升。长期以来，普遍在户外作业、工作条件恶劣等已成为工程车辆的工作常态，且往往伴随着高负荷和连续作业，再加上维修保养滞后和不完善，重大事故屡有发生，安全形势不容乐观，严重影响施工作业并对施工人员的安全构成威胁。

工程车辆液压系统是工程车辆的关键系统，同时也是使用频度较高、工作强度较大的核心系统，这使得其出现故障的概率较其他系统高，且所产生的故障具有隐蔽、随机、因果关系复杂和模式多样等特点；此外，施工现场的工作人员只能处理一些一般性、简单性的故障，液压系统运行过程中一旦发生故障，是很难正确判断故障原因，并排除故障的，有时可能会破坏整台设备，影响整个生产过程，带来巨大的经济损失。因此，拥有一套完善的故障监测与故障诊断系统是其正常工作的重要保障。本书围绕工程车辆液压系统内部容易引发故障的关键零部件，研究其工作状态监测、特征信息提取、信息融合与传输、智能故障诊断等技术，为提升我国工程车辆行业的技术和服务水平，增强国产工程车辆在国际市场上的竞争能力添砖加瓦。

本书共分 8 章。第 1 章首先介绍了工程车辆液压系统在作业过程中产生的各种故障以及产生这些故障的原因及相应的维修策略，然后对工程车辆故障诊断技术的研究现状进行了分析与总结。第 2 章采用"双核"模块架构方案设计了工程车辆液压系统车载故障诊断终端，并移植了 Linux 操作系统，编写了应用程序，实现了数据采集与处理。第 3 章采用 Huffman 无损压缩算法对二进制流数据进行压缩，并利用 Socket 通信技术，在 VC++环境下，将压缩后的数据从客户端有效传输到服务器端。第 4 章将微粒群算法应用在优化 Elman 神经网络权值和阈值矩阵中，实现了溢流阀和液压缸的故障诊断。第 5 章将改进的 D-S 证据理论算法应用到液压系统多源信息融合中，在决策层实现了故障模式的准确判断。第 6 章利用微分进化算法对 SVM 训练模型参数和信号特征进行全局寻优，提高了算法的故障诊断效率。第 7 章在静态贝叶斯网络的基础上，优化了网络结构和参数，设计了基于动态贝叶斯网络的智能故障诊断技术。第 8 章将本体理论引入知识的表示及检索，实现了工程车辆液压系统的知识管理、故障推理和故障诊断。

本书所涉及的内容得到山西省装备数字化与故障预测工程研究中心、山西省应用基础研究计划自然科学基金项目"大数据环境下基于凸壳超平面构造的支持向量机智能故障诊断研究"（项目编号：201901D111259）的支持，在此谨向山西省发展和改革委员会、山西省自然科学基金委员会和山西省科技厅表示深深的感谢并致以敬意。

本书从规划、编写到出版离不开团队的支持和帮助。感谢山西省装备数字化与故障预测工程研究中心主任董增寿教授、太原科技大学石慧教授、忻州师范学院刘明君博士、西安电子科技大学出版社刘玉芳老师，以及太原科技大学电子信息工程学院各位同仁的大力支持。感谢石闪闪、任鹏、郭晓龙、苏小杰、王泽源、王琪、杨靖媛等同学的辛勤工作。

感谢西安电子科技大学出版社各位编辑同志为本书顺利出版付出的努力。

由于作者水平有限，书中难免有不妥之处，恳请各位专家和广大读者给予批评指正。

作　者

2022 年 3 月

目　　录

第1章　绪　　论

工程车辆主要用于铁路、公路等基础设施建设和房地产开发，是建筑工程中使用的重要工程机械，也是专用汽车的重要组成部分。在可持续发展的时代背景下，高铁、港口等大型或特大型项目不断开工建设，工程车辆需求大幅增长，其设备故障诊断方面的关注度也持续上升。长期以来，普遍在户外作业、工作条件恶劣等已成为工程车辆的工作常态，且往往是高负荷和连续作业，再加上维修保养滞后和不完善，重大事故屡有发生，安全形势不容乐观，严重影响施工作业并对施工人员的安全构成威胁。液压系统是工程车辆的关键，其出现故障的概率较高，统计资料显示约70%的设备故障来自液压组件，高发的故障使得工期延长、运营成本增加，也令驾驶操作人员的安全面临风险，因此研究面向工程车辆液压系统的智能故障诊断技术成为故障诊断领域新的热点。

1.1　工程车辆液压系统故障诊断概述

工程车辆液压系统是一个涉及机械传动、液压、电气、控制等多个领域的复杂系统，非线性程度高，结构复杂，各个回路干涉明显，是一个典型、密闭的高度非线性系统。随着液压系统的功能不断增强，其复杂程度和自动化水平也不断提高，液压系统逐渐向功率大、体积小、响应快及变压力的方向发展。作为工程车辆的核心，液压系统使用频度较高，工作强度较大，其出现故障的概率较高，由于液压泵、溢流阀、马达等主要组件的失效机理形式多样，且系统内部动力存在封闭传递的情况，压力、温度、振动频率等系统参数之间普遍存在耦合现象，从故障现象到故障原因的映射关系复杂且非线性，难以根据故障现象直接进行故障参数测量及故障特征值提取。这些都令常规的故障诊断策略面对故障原因、位置和程度等要素进行分析判断时存在很大的局限性。液压系统发生故障之后，使用常用的故障诊断方法，如信号处理方法、数学模型法、故障树法等难以对系统的故障部位、故障原因进行精确诊断。

　　工程车辆液压系统初期的故障诊断、维护模式一般采用的是定期维护保养或者是发生事故之后进行紧急的"救火式"的事后维修。一方面，定期维护保养由于需要反复拆卸会造成机械的磨损，且这种维护所需时间较长，也会由于过度维护造成资源浪费。另一方面，事后维修会由于微小故障得不到及时解决而导致工程车辆液压系统受损，使得设备无法正常运行。因此，如何在保持设备完好、液压系统可以正常运行的情况下主动对液压系统运行状态进行故障预测及故障诊断，在故障发生之前和故障发生之后都能及时地采取相应措施，使液压系统的运行更加可靠、稳定，有效减少事故的发生，降低由此带来的巨大损失，提高故障诊断的能力，使故障诊断更加有效、快速和准确，是目前迫切需要解决的问题。

1.2　工程车辆智能故障诊断技术研究现状

　　智能故障诊断技术经过几十年的发展，已经取得了明显的经济效益。目前，国内外很多大型企业已经开始着手研究更加先进的智能诊断技术，甚至有的已经开始投入实际应用，如日本小松的 KOMTRAX 遥控管理系统利用 GPRS 和 GPS 实现工程机械的全球定位跟踪和状态监测；美国卡特彼勒公司利用 GPS、GIS 和 GSM 技术开发了METS 系统（采矿铲土运输技术系统），实现了设备状态监测和故障诊断；德国利勃海尔在其产品 LR1600/2 履带式起重机上推出远程监控系统；日本日立公司在 ZAXIS 系列液压挖掘机上安装了电子监控和故障诊断系统，可同时对 40 种以上的不同状态下挖掘机的工作状态进行实时监测和自动故障诊断。我国山河智能、柳工、徐工、厦工、中联、三一等集团相继开发了工程机械电子监控系统，成功地实现了对机械设备实时监测的功能，大大地提高了工作效率；三一重工首次在昆山产业园完成了国产正流量挖掘机的测试试验，并成功开发了基于 GPS、GPRS、GIS、数据库技术等信息技术的远程监控平台；广西柳工推出的"工程机械故障诊断和远程服务系统"也已在其产品上得到了广泛应用；徐州恒天德尔重工科技有限公司成功研制出 DER322DL 型全液压人工智能挖掘机，该产品具有大功率、低油耗、低噪声等众多优点，并配备有实时监控、地理图形显示、远程智能诊断、自动报表、远程指挥、短信查询等功能。国内部分高校、研究所也纷纷开展了智能故障诊断技术的整理和研究工作,如华中科技大学何岭松、杨叔子简述了基于因特网的设备故障远程协作诊断技术的国内外研究现状和关键技术;清华大学史美林、哈尔滨工业大学邢松寅等都介绍了 CSCW 的发展背景、基本概念、分类、关键技术、应用领域和发展趋势。由此可见,工程车辆智能故障诊断技术已经成为相关企业、研究所和高校今后研究的重要方向。

1.3 工程车辆液压系统故障诊断主要技术

液压系统是工程车辆的核心部件,对工程车辆液压系统进行智能故障诊断是工程车辆产业链中的重要环节,对提升工程车辆的运行价值,提升生产企业的施工效率,提升工程车辆行业的技术和服务水平,增强国产工程车辆在国际市场上的竞争能力都具有重要意义。故障诊断技术经过多年的发展和改进,已经取得了一些成就,常用的故障诊断技术有主观故障诊断技术、基于信号处理的故障诊断技术、基于数学模型的故障诊断技术、基于人工智能的故障诊断技术等。

1. 主观故障诊断技术

主观故障诊断技术是一种技术人员借助简单的故障诊断仪器,依据自身的实践经验诊断出故障发生的部位,并根据故障原因给出一定的解决方案的方法。这种方法对技术人员在元器件及系统方面的知识掌握有很高要求,并需要技术人员在长期的工作中积累丰富的故障诊断经验,只有这样,技术人员才能经过综合分析给出诊断结果。由此可见,这种方法主观性太强,且只能做定性的故障分析。常用的主观故障诊断技术有感官故障诊断技术、方框图分析技术、故障树分析技术和液压系统图分析技术等。主观故障诊断技术是液压系统故障诊断技术发展的初级阶段,这种故障诊断技术的优点是实用性强、方便、快捷、简单等,直到现在也仍有一些用户在使用这种技术进行故障诊断。

2. 基于信号处理的故障诊断技术

基于信号处理的故障诊断技术是一种根据系统的输入输出及其变化趋势或系统的可测状态信号(不需要建立被诊断对象的精确数学模型),使用相关函数、高阶统计量、频谱、小波技术等方法提取信号幅值、相位、频谱等特征值来实现故障分析、诊断和处理的方法。基于信号处理的故障诊断方法在工程车辆液压系统领域应用比较广泛，通过对元件的振动和噪声等信号进行处理，实现对泵、马达等液压元件的故障诊断。振动和噪声是工程车辆液压系统在工作过程中所产生的必然信号，这些信号通常包含反映系统工作状态和元件状况的信息，通过频域分析法、时域分析法和时频域分析法等对信号在频率、幅值、相位和相关性等方面进行分析，可实现故障的检测和诊断。在信号处理领域，由于小波变化在时域和频域均具有良好的局部化性质，可以用多重分辨率刻画信号的局部特征，适合于探测正常信号中夹带的瞬态反常信号，在液压故障诊断中，使用小波分析方法对液压泵轴、泄漏等微弱故障进行诊断的研究较多，已证明是一种行之有效的方法。

3．基于数学模型的故障诊断技术

基于数学模型的故障诊断技术是一种依据现代控制理论建立数学模型来进行故障诊断的方法。该技术与被诊断系统的结构、原理等特性结合紧密。由于工程车辆液压系统是一个参数时变的非线性的复杂大系统，液压元件工作在封闭油路中，其运行参数不易测量，且不确定性和外部干扰较多，因而建立的数学模型极其复杂。一旦模型建立完成后，该模型的功能就很难扩充或进行修改，诊断范围也就确定下来了。因此，基于数学模型的故障诊断系统专用性很强，在工程车辆液压系统故障诊断方面的适用范围也就受到了限制。

4．基于人工智能的故障诊断技术

基于人工智能的故障诊断技术是一种将计算机技术、数据挖掘技术、通信网络技术、信息处理技术、神经网络技术、模糊推理技术和深度学习等新技术高度融合创新的故障诊断技术，其实质就是更加有效地获取、处理和利用故障信息，更准确地识别和诊断故障对象的状态。目前基于人工智能的故障诊断技术主要以下几种：

1）基于故障树的故障诊断技术

基于故障树的故障诊断技术是一种图形分析技术，通过分析可能造成系统故障的各种原因，建立系统或设备与特定事件之间的逻辑结构图，如故障与各个子系统或各个子部件故障事件的逻辑结构图。在分析系统故障时，根据系统的故障现象，由总体至部分按树状结构逐级分析，最终判别故障部位，确定故障原因及故障影响等。该诊断技术的关键是故障树，其完善程度直接影响分析结果的准确性，这就需要系统设计人员对工程车辆液压系统的构成和工作原理进行深入和彻底的分析，将故障症状作为树顶，逐一列举可能导致故障的各种因素，建立故障树的数学模型，对故障树进行定性分析和定量计算，得出分析结果。故障树诊断技术直观、逻辑严密、简单有效，但在设计诊断系统时需要列举发生故障的所有原因，这就有可能漏掉一些部件或元件故障。再者工程车辆液压系统存在故障原因模糊不清、故障源多、各零部件发生故障的概率难以获取等特点，因而故障树的建立具有一定难度。不过，针对复杂液压系统，结合模糊理论或专家系统的故障树诊断技术是一种有前景的发展方向。

2）基于模糊理论的故障诊断技术

故障诊断是通过研究故障与征兆之间的关系来判断设备状态的。由于工程车辆液压系统的复杂性，故障与征兆之间的关系很难用精确的数学模型来表示，这种模糊性的存在，导致很多问题无法用"是否有故障"的简易诊断结果来表达，而要求给出故障产生的可能性及故障位置和故障的严重程度。此类问题，通常使用模糊理论能较好地解决，所以基于模糊理论的故障诊断技术应运而生。基于模糊理论的故障诊断技术是在对参数信号处理分析的基础上，利用模糊集合论中的隶属函数和模糊关系矩阵来表达工程车辆液压系统故障诊断中不确定的和不完整的信息，进而实现故障的检测与诊断的技术。该技术由两个环节组成：第一环节为信号分析与处理，在该环节获得信号的各种特征模糊变量；第二环节为模糊逻辑的推理诊断，在该环节建立低阶模糊推理规则库，确立模糊推理运算机制，由相关特征模糊变量的推理运算，实现相应的故障诊断。这种方法计算简单，应用方便，结论明确直观，主要适用于测量数据少且无法获得精确模型的诊断系统。目前基于模糊理论的故障诊断技术的方法很多，主要有基于模糊模式识别的诊断方法、基于模糊综合评判的诊断方法、基于模糊推理的诊断方法、基于模糊模型的诊断方法、基于模糊残差评价的诊断方法和基于模糊神经网络的诊断方法。其共同特点就是利用模糊理论的优势，将其与其他故障诊断方法结合起来，解决故障信息不充分时的故障诊断问题。

3）基于专家系统的故障诊断技术

专家系统是一个或一组能在某些特定领域内，应用大量的专家知识和推理方法求解复杂问题的人工智能计算机程序。专家系统的研究目标是模拟人类专家的推理思维过程，一般是将领域专家的知识和经验，用高级编程语言通过程序设计转化成另一种知识的表达模式，形成专家系统。系统对输入的事实进行推理，做出判断和决策。专家系统具有高效性、启发性、灵活性及透明性等特点。专家系统通常由人机交互界面、知识库、推理机、解释器、综合数据库及知识获取等6个部分构成。专家系统的基本结构大部分为知识库和推理机。其中知识库中存放着求解问题所需的知识，推理机负责使用知识库中的知识去解决实际问题。知识库的建造需要知识工程师和领域专家相互合作，把领域专家头脑中的知识整理出来，并用系统的知识方法存放在知识库中。当解决问题时，用户为系统提供一些已知数据，并可从系统处获得专家水平的结论。专家系统的这些特点，使得它面对工程车辆液压系统的多样、复杂的故障时，能够成为一种较为行之有效的故障诊断手段。但由于工程车辆液压系统的复杂性，造成故障的原因可能有多个，原因之间相互交织、相互影响，同一原因由于程度不同、结构不同所造成的故障现象也可能不同。液压系统作为一个整体，任何元件发生故障都会影响系统的工作状态，而一旦出现故障，就难于判断故障发生的具体部位。专家系统是一种针对液压系统故障特点的有效的系统故障诊断方法，但专家系统在实际应用中也存在知识获取难、无有效的故障诊断知识表达、不确定性知识推理难和诊断的实时性差等问题。基于专家系统的故障诊断技术在轧机、挖掘机等工程机械方面的应用较多。

4）基于人工神经网络的故障诊断技术

人工神经网络是反映人脑结构及功能的一种抽象数学模型，是由大量神经元节点互联而成的复杂网络，用以模拟人类进行知识的表示与存储以及利用知识进行推理的行为。基于人工神经网络的故障诊断技术的核心是综合利用神经网络的学习功能、联想记忆功能、分布式并行信息处理能力和极强的非线性映射能力，其本质上是一个分类器，模拟人类相关功能，把各类性能参数和故障类型之间的非线性关系反映在各层神经元之间的权值和阈值上，在学习样本的基础上，经过网络离线训练，得到收敛性和完备性均良好的系统，然后将得到的现实故障数据加载到系统的输入端，即可实现从故障征兆到故障模式的非线性映射，确定故障类别、部位和程度等。神经网络具有自学习能力，与其他诊断技术相比具有许多明显的优势，但是其自身也存在先天缺陷，如训练样本获取困难、容易忽略领域专家的经验知识等。目前，神经网络在辨识液压元件参数方面应用较多，如基于原始数据，根据机理模型辨识液压泵、马达等液压元件的性能参数，再通过在线辨识、分析元件参数实现故障诊断。

1.4 工程车辆液压系统故障诊断技术发展趋势

随着传感器技术、信息处理技术、计算机技术、通信技术和人工智能技术的迅猛发展以及各学科的交叉融合，工程车辆液压系统故障诊断作为一门新兴的工程学科已得到了不断的发展和完善。工程车辆液压系统故障诊断技术的发展趋势可以概括为下面几个方向。

1. 多种故障诊断技术相结合

上节所述的各种故障诊断技术虽被广泛地使用，但均有一定的适用范围，当对液压系统不同设备进行故障诊断时，应该根据故障的实际特点，充分利用各技术的优势，扬长避短，提高故障诊断效果。例如，神经网络与专家系统结合的故障诊断方法，通过将神经网络超强的自学习、自适应和联想记忆等功能与专家系统的解释机制进行结合，既克服了神经网络故障训练样本获取困难的缺陷，又解决了传统专家系统知识获取的瓶颈问题；基于智能算法优化神经网络的故障诊断方法通过将微粒群算法、遗传算法等优化算法应用于神经网络的 BP 学习，可解决 BP 神经网络易陷于局部极小和收敛速度慢等问题。

2. 多传感器信息融合技术

工程车辆液压系统施工载荷不稳定，工作环境恶劣，故障信号易被噪声所干扰，而单一传感器获得的单个故障参数不能完全表达系统运行中的真实工作状态，难以准确诊断系统的故障。多传感器信息融合技术通过充分利用多源信息，在按照一定的规则进行综合处理和智能合成后，可获得比单一传感器更全面和更可靠的估计、决策和诊断，避免了单一故障信号诊断的错诊和误诊现象，其是在多级别、多层次上对信息源的处理，能有效提高系统诊断决策的鲁棒性和可靠性，为液压系统故障诊断提供了新的思路。

3. 基于虚拟仪器的故障诊断技术

基于虚拟仪器是指监测和诊断仪器的虚拟化。"软件就是仪器"反映出了虚拟仪器的本质特征。虚拟仪器具有友好的开发环境，用户可以根据自己的需要对软件做适当的修改来增加新的功能，用户在采用虚拟仪器进行故障诊断时，可以不必精通总线技术和掌握面向对象的语言技术，降低了对用户水平的要求，将该理念应用到工程车辆液压系统在线监测与故障诊断是一个新的发展方向。

4. 远程故障诊断

随着工程车辆液压系统功能的日益增多，其自身的结构和组成也愈加复杂，对它的故障诊断变得越来越困难，而设备供应商与该领域的技术专家又往往身处异地，因此，基于网络通信技术和分布式技术的 Internet 远程故障诊断成为工程车辆液压系统故障诊断领域的一个必然趋势。远程故障诊断系统是由计算机网络、软件及监测设备组成的，它通过监测设备对在异地工作的液压系统进行现场监控，并将测得的设备运行数据通过网络传输到远程故障诊断系统来实现对故障的预测和诊断。该系统可以充分发挥因特网的信息共享优势，具有对监测信息进行处理、传输、存储、查询、显示和人机交互等功能，同时可以实现异地专家的实时协同诊断。

第 2 章　工程车辆液压系统车载
故障诊断终端设计

车载故障诊断终端是工程车辆液压系统的重要组成部分，不仅能够实时采集现场工程车辆的工况数据，而且可以向远端监控服务中心发送设备状态数据。本章根据工程车辆液压系统故障诊断的功能需求，采用模块化设计理念，将嵌入式处理器、单片机、计算机软硬件、数据通信和现场总线技术有机结合，设计了一种集数据采集、数据存储、数据通信和数据处理等功能于一体的故障诊断终端。

2.1　车载故障诊断终端硬件系统设计

在传统的利用单片机技术进行数据采集的基础上，本章采用"嵌入式处理器＋单片机""双核"模块架构方案设计工程车辆液压系统车载故障诊断终端。其中，一核即嵌入式处理器，其主要功能是控制系统的运行状态；另一核即单片机，其主要功能是通过控制传感器进行数据采集。这种方案的特点是将系统的主控单元与数据采集单元分离开来，既增强了车载故障诊断终端运行效率和数据处理能力，也保证了数据的可靠采集，让每个模块"专心"负责自己擅长的事务。最后通过 Wi-Fi 模块连接各种共享网络，进行数据传输。

2.1.1　硬件系统搭建

基于工程车辆液压系统车载故障诊断终端的功能需求，按照模块化的设计理念，故障诊断终端的硬件系统包括以下几个主要模块：嵌入式处理器主控模块、数据采集模块（单片机和传感器阵列）、Wi-Fi 模块、电源模块、存储模块（内存和 Flash）、USB模块、总线模块、人机交互模块、报警模块等。嵌入式处理器主控模块是整个系统的核心，主要功能是通过总线对整个故障诊断终端进行控制、数据处理与运算和辅助系统运行；数据采集模块主要功能是通过单片机控制传感器阵列进行相关数据的采集；Wi-Fi模块主要功能是网络链接和数据传输；电源模块主要功能是为故障诊断终端及所有模块提供电源；存储模块主要功能是数据存储和提供足够的程序运行空间；USB模块主要功能是外部设备接入和接口功能的扩展。人机交互模块主要功能是用户通过人机交互界面与系统交流，并进行操作。故障诊断终端硬件组成如图 2.1 所示。

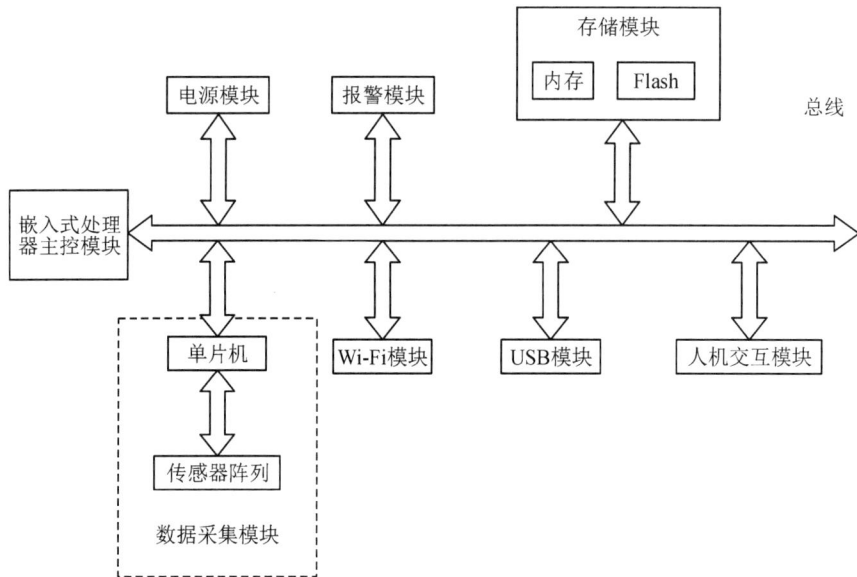

图 2.1　故障诊断终端硬件组成

2.1.2　核心处理器选取

在本系统中，核心处理器的选取尤为关键，直接关系到整个故障诊断系统处理速度的快慢，最终决定故障诊断终端性能的优劣。

经过调研，选用三星公司生产的 S5PV210 作为核心处理器，该处理器主频在 600 MHz 到 1 GHz 范围内，功耗为 300 mW，可支持高达 32 GB 的外部存储容量。其主要特性包括：

（1）拥有 64/32 位的内部总线结构，32 KB 的一级数据缓存，512 KB 的二级数据缓存，总线位宽与高速缓存保障了 CPU 的速率。

（2）基于顺序发射的、双对称的 13 级流水线架构，可动态分支预测。

（3）集成和优化了缓存，使配置容量从 64 KB 增加到了 2 MB，并降低了功耗。

（4）内嵌高性能 PowerVR SGX540，支持 3D 图形和 2D 图形加速引擎，分辨率可达 8000×8000。

（5）拥有 237 个 GPIO 接口，每个接口配置不同的寄存器，使接口灵活方便，并能够很好地进行端口扩展。

（6）提供了 4 路 SD/MMC 控制器，可以作为两个 8 位的总线使用，也可以用作 4 个 4 位的总线使用，用于多个 Wi-Fi 接口。

（7）带有 1 路 10 位的 DAC 模块，支持 ITU_R BT.470 和 EIA - 770 兼容的模拟视频信号。

（8）7 种工作模式，保护了各自状态下寄存器的内容，拥有严格的访问权限设置，方便了操作系统的管理，使整个系统运行更加安全稳定。

2.1.3　Wi-Fi 模块选取

在工程车辆液压系统故障诊断系统中，数据能否安全准确地传输到服务器，是整个系统的关键。Wi-Fi 模块是基于 IEEE 802.11 b/g 标准规范下，由 AP（Access Point）和无线网卡组成的无线网络，最高传输速率可以达到 11 Mb/s，可以替代 4G、5G 模块，能够使用手机或其他移动热点来进行网络连接，并且数据传输具有较高的安全性和高效性。本书采用 Ralink（雷凌）公司的 RT3070 芯片搭建 Wi-Fi 模块，来实现数据的可靠收发。该芯片支持 64/128/256 位加密，WPA/WPA2、WPA-PSK/WPS2-PSK 等高级加密与安全机制，以多种方式保护网络数据安全，同时它符合 802.11 n/g/b 标准，传输速率可达到 150 Mb/s，传输距离可达到 300 m，稳定性和性价比较高。同时，在使用过程中可完全屏蔽底层硬件，加载好驱动程序接口，调用 Socket 套接字进行数据收发，在每发送一定数量包后进行网络状态判断，虽然这种网络状态监测会消耗一定的时间，但对数据的安全性起到了较高保护作用。

2.1.4　数据采集模块设计

数据采集是整个诊断系统的数据来源，通过从传感器和其他待测设备将模拟信息或数字信息采集回来，采集的数据可以是某段时间内的特征值，也可以是数据的瞬时值，然后将这些采集到的温度、压力、电压、电流、声音、湿度等信息通过接口传输出去，达到数据采集的目的。本书采用单片机控制传感器进行数据采集，通过单片机引脚的扩展来连接温度传感器、压力传感器、加速度传感器等不同的传感器件，达到采集多类型数据的目的。在本系统中，采用 STC90LE58 单片机芯片作为整个数据采集模块的核心芯片，该芯片具有抗干扰能力强、低电压、低功耗和价格便宜等优势；在设计中采用了 Modbus 协议来进行数据传输，Modbus 协议是基于 RS485 总线来进行数据传输的，通过分布式软件系统对每一路采集信号分配 IP，来保证每个数据采集节点都能被系统找到，这样就搭建出一套分布式采集系统，系统只需通过 Modbus 协议设定来读取每个节点中不同寄存器的数值，达到数据上传的目的。数据采集模块与故障诊断终端连接如图 2.2 所示。

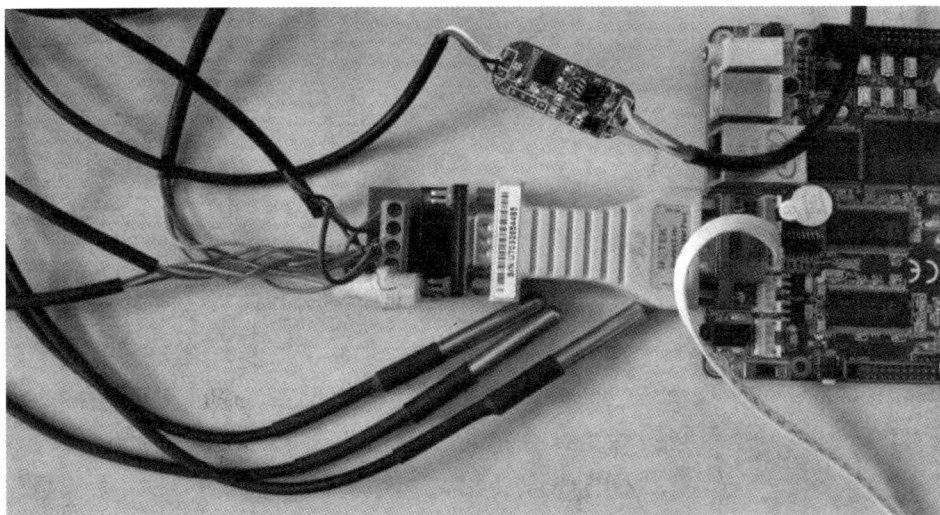

图 2.2　采集系统与故障诊断终端连接实物图

2.1.5　电源模块设计

电源是保证各个功能模块能正常工作的必要模块，电源模块的设计主要考虑以下因素：电源模块的输入/输出电压和电流、输出功率、电磁兼容和电磁干扰、体积、功耗及成本等。由于控制模块、Wi-Fi 模块、Flash、USB、LCD、蜂鸣器等模块正常工作时所需要的电压值不同，本书采用 LM1117 - 1.8 V 芯片、LM1117 - 3.3 V 芯片和 MAX8860EUA18 芯片，将 5 V 的输入电压转变成 1.8 V、3.3 V、1.25 V 电压，为各器件和模块提供所需要的正常工作电压。图 2.3 和图 2.4 分别是 LM1117 - 1.8 V 芯片外围电路和 LM1117 - 3.3 V 芯片外围电路。而 3.3 V 电压在整个电路中使用非常广泛，通过电路设计将 5 V 的输入电压转变成 3.3 V 的输出电压，与 S5PV210 处理器芯片的 OMO 引脚、DM9000 网卡芯片 DVDD 引脚、NAND Flash 芯片 VCC 引脚、MAX323SOP 串口芯片 VDD 引脚等不同芯片引脚连接，为不同芯片提供 3.3 V 电压，保障每个芯片的正常运行。

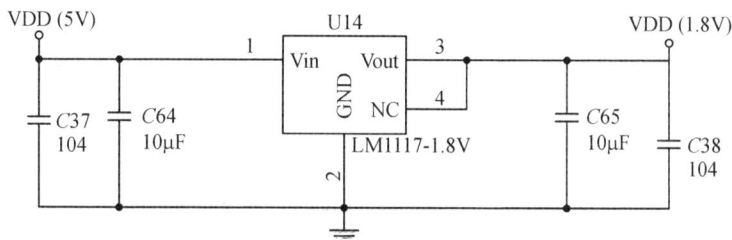

图 2.3　LM1117 - 1.8 V 芯片外围电路图

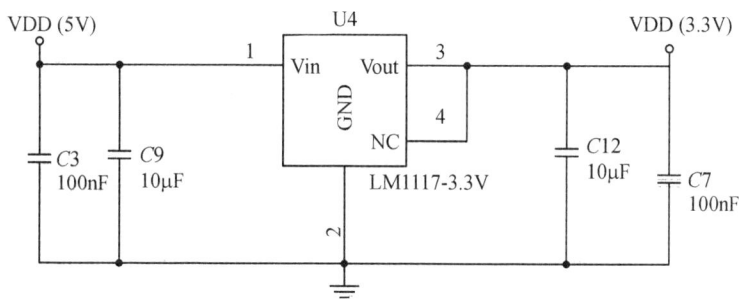

图 2.4　LM1117 - 3.3 V 芯片外围电路图

图 2.5 为 MAX8860EUA18 芯片的外围电路设计图，MAX8860EUA18 是一块低压差、低噪线性稳压集成电路，拥有输出电容小，保护措施好的特点。MAX8860EUA18 芯片主要是为主控芯片提供电压，因为微处理器工作时的时钟频率较大，对电压的稳定性要求较高，在高速运行时如果电压有较大波动会直接损坏芯片，所以需要采用稳

定性较好的 MAX8860EUA18 稳压芯片来提供所需电压。MAX8860EUA18 芯片连接 LM1117 - 3.3 V 芯片经过内部电压转换生成 1.25 V 的输出电压，然后分别连接控制器芯片上的 VDDi 系列引脚、VDDiam 系列引脚、VDDalive 引脚、VDDA_MPLL 引脚、VDDA_UPLL 引脚，为整个微型控制器芯片提供电压。

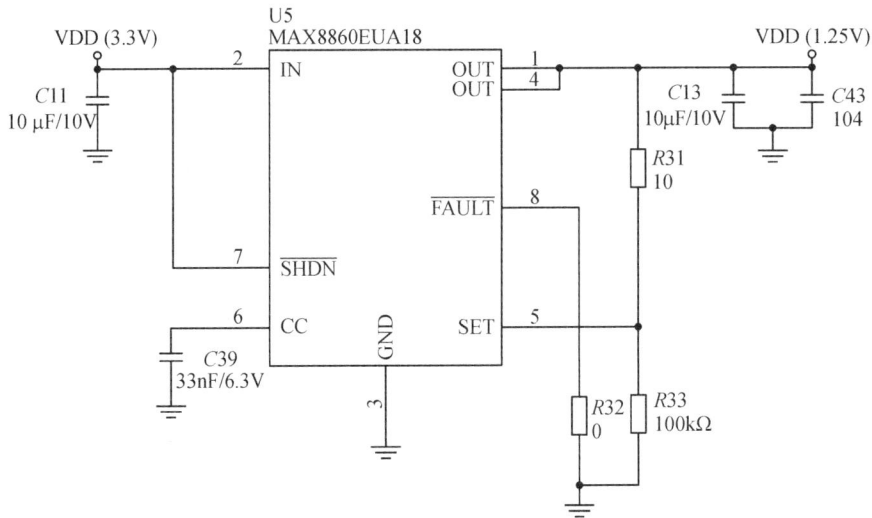

图 2.5　1.25 V 芯片外围电路图

2.1.6　串口电路设计

CPU 控制模块与数据采集模块之间的通信是基于 RS485 总线，按照 Modbus 协议进行通信的，其优势在于传输速率较高，传输距离较长，接口电平较低，不易损坏接口电路，采用了差分接收和平衡驱动组合，增强了抗共模干扰能力。MAX485 芯片是用于 RS485 通信的低功耗收发器，可以实现最高 2.5 Mb/s 的传输速率，在硬件电路连接过程中，需要将图 2.6 中 MAX485 芯片的 RS＋和 RS－引脚分别与处理器芯片的 TXD0/GPH3 和 RXD0/GPH4 引脚相连接，以保障串口通信的读写能力。

另外，CPU 控制模块还需通过 USB 接口与外界进行通信。S5PV210 处理器中包含一个 USB Host 2.0 接口和一个 USB OTG 2.0 接口，在设计中将 USB Host 2.0 接口作为主设备，这样就可以加载各种外围设备，但 S5PV210 处理器中只有一个 USB Host

2.0 接口，如果要接入多个设备，则不利于扩展。基于系统实际需求，采用了 SMSC 公司生产的 USB2514 芯片对 USB Host 接口进行了扩展，然后再通过 USB 接口电路扩展成 4 路 USB 接口，为后期的 USB 接口使用做好准备。

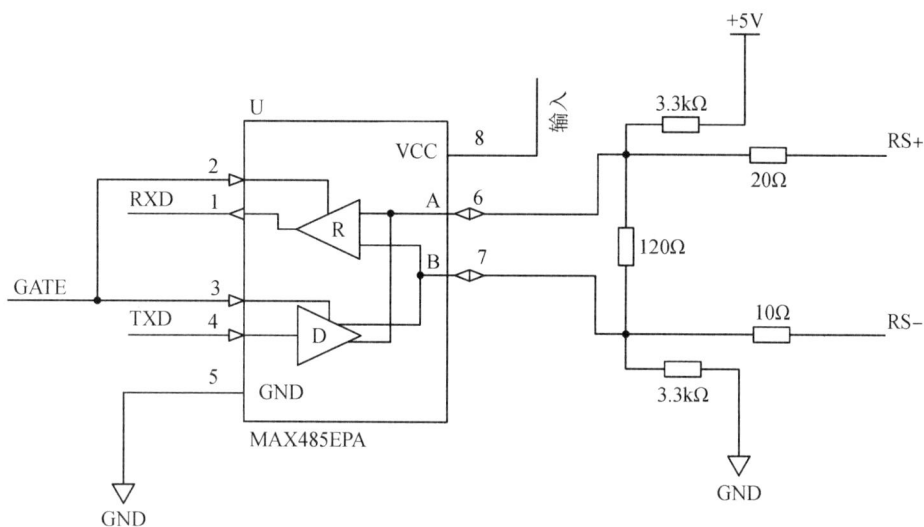

图 2.6　MX485 外围电路

2.1.7　存储器模块设计

基于 S5PV210 处理器芯片，在控制系统中设计了 512 MB 的 DDRⅡ内存和 1 GB 的 SLC NAND Flash。DDRⅡ是第二代双倍数据率同步动态随机存储器，具有较高的性能和较低的电压，32 bit 的双通道数据总线保证了数据传输的高效，为系统提供了足够的程序运行空间。SLC NAND Flash 采用单层式非线性宏单元模式存储，通过在源极和浮置闸极增加电压的方式来进行数据单元格存储，以使功率消耗更低，传输速度更快和存储单元寿命更长。

本系统通过两片 512 MB 的 NAND Flash 搭建成 1 GB 的存储空间，具体芯片型号如图 2.7 所示。在连接过程中，每个引脚都与图中相对应的处理器引脚相连接，处理器通过 nFCE、CLE、ALE、nFWE 和 nFRE 引脚发送命令来控制 NAND Flash I/O 口的数据接收，使整个存储器稳定地运行。

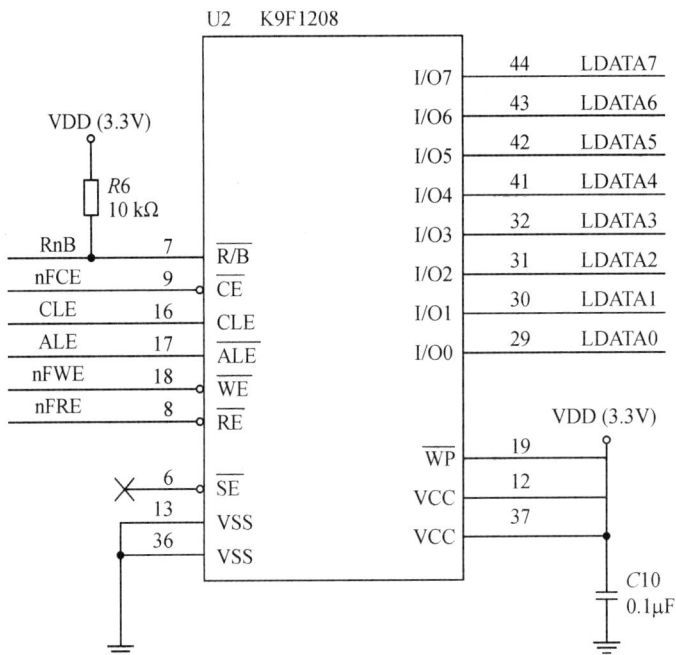

图 2.7　K9F1208 NAND Flash

2.1.8　人机交互模块设计

在故障诊断终端系统中，人机交互主要通过液晶触摸屏来进行，以图像方式直观地将系统中的信息传递给用户，使其了解设备的运行状态。而液晶屏具有功耗低、画质好、辐射低、体积小等特点，能够显示各种图形画面。本系统采用索尼公司提供的 ACX502BMW 型号的 TFT-LCD 类显示屏(分辨率为 480×320，色彩度为 65K)，进行人机信息交互。S5PV210 处理器中包含有 LCD 的控制器和触摸屏接口，支持 TFT 24 bit 的 LCD，支持的最高分辨率为 2048×2048，所以 ACX502BMW 液晶屏幕能够很好地通过控制器来进行显示。LCD 显示屏接口电路如图 2.8 所示，每个引脚都如图所标与处理器上对应的引脚相连接，保障显示器能够接收到处理器芯片所发送的信息并显示出来。

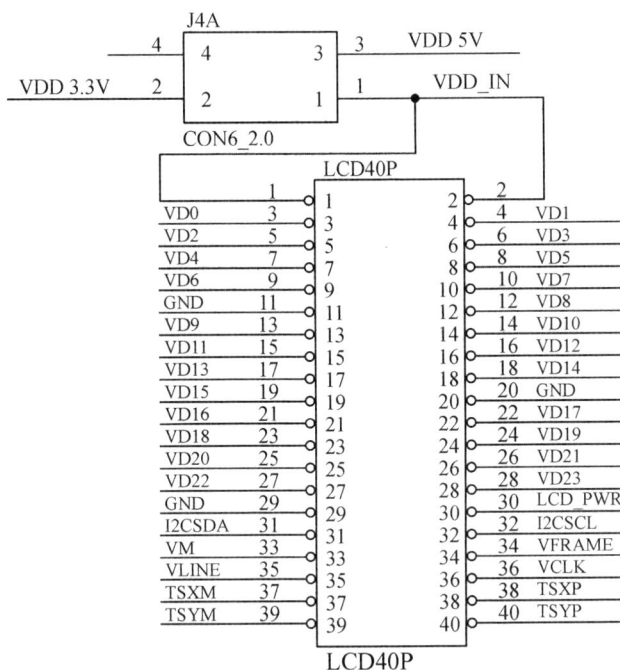

图 2.8 LCD 显示屏接口电路

2.2 车载故障诊断终端软件系统设计

工程车辆液压系统故障诊断终端软件由操作系统软件和应用系统软件两部分组成。通过对操作系统软件的内核裁剪，添加终端硬件模块驱动程序，更新文件系统，完成操作系统软件平台的搭建；应用系统软件根据客户需求，采用高级程序语言来实现相关应用程序的编写。

2.2.1 软件系统整体架构设计

根据实际工况需求，工程车辆液压系统故障诊断终端软件系统架构主要包括两个层面的开发与设计，即底层 Linux 操作系统裁剪、开发与设计和用户应用层程序开发与设计。Linux 操作系统主要负责内核加载与调度、内存管理、进程控制、网络管理与通信、设备管理与驱动、文件系统管理、底层硬件屏蔽等，完成 Linux 操作系统软件平台的搭建，为用户层应用程序运行做好准备。用户应用层程序的开发是根据客户需求，采用模块化编程方式，通过使用 C 和 C++语言来完成跨平台模式的程序编写，是单独开发的一套应用程序，它利用线程调用各模块功能、利用算法对数据进行处理、利用数据库对数据进行有效的存储、利用 Wi-Fi-Socket 进行数据收发等，同时为以后功能的扩展及更新做好基础准备；通过 QT 跨平台图形用户界面开发，增强人机交互，方便用户的使用和操作。软件系统架构如表 2.1 所示。

表 2.1　软件系统架构

用户应用层	QT图形编程	多进程、多线性调用		算法	数据融合分解
		液晶屏人机交换			数据加密
					其他
		WiFi-Socket 编写		数据库Sqlite3	知识库
		数据采集	其他调用		
Linux操作系统	系统调用的 API 接口				
	内存管理	进程控制系统		网络管理	
		进程通信	进程调度	网络通信	
	虚拟文件系统			设备管理	
	Ext3	NFS	Yaff2	其他文件系统	驱动	块设备驱动
						字符设备驱动
						网络设备驱动
	Bootloader/U-boot/Supervivi				
物理硬件					

2.2.2　内核的裁剪与制定

Linux 内核是一种开源的操作系统内核，是由 C 语言开发的符合 POSIX 标准的操作系统，主要有存储管理、进程管理、文件系统、设备管理和驱动、网络通信、系统初始化调用等功能，是一个提供硬件抽象层、磁盘和文件系统控制、多任务等功能的系统软件。通过系统调用接口 SCI(System Call Interface)中的某些机制执行从用户空间到内核空间的函数调用，使整个内核具有良好的权限访问，保证了内核的安全性和稳定性，同时利用进程管理、内存管理提高内核运行效率，再加上虚拟文件系统为整个文件系统提供了一个通用的接口，使 SCI 和内核所支持的文件系统之间通过缓存区缓冲建立一个交换层，让上层文件系统通过调用缓冲区的一个通用函数集来优化对物理层设备的访问。内核中具有丰富的网络资源，但 Linux 内核为了屏蔽网络环境中网络设备的多样性，对物理设备进行了抽象的接口定义，接口为上层协议提供统一化的操作集合来处理基本的数据收发，屏蔽了下层硬件的差异，使其具有良好的网络扩展性。Linux 是一个动态内核，支持动态添加或删除软件模块，用户可以依靠自身需求在编译内核前对系统进行裁剪，以增加内核的运行速度，内核配置界面如图 2.9 所示。

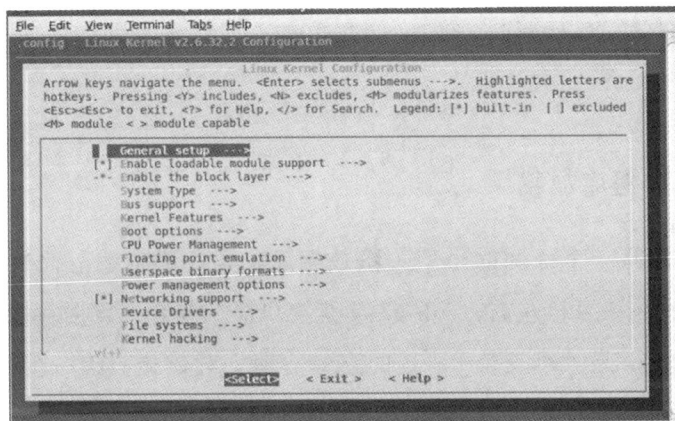

图 2.9　内核配置主菜单

在对内核裁剪之前首先要了解内核中各个模块文件所在的位置，才能快速地找到所要裁剪或添加的文件，在 Linux 中把每个驱动模块划分到不同的类中，方便用户快速地找到所需文件，例如硬件驱动都放在/drivers 目录下，音频驱动放在/sound 目录中，文件系统放在/fs 目录里。在定制 Linux 内核时，先加载一个缺省的配置文件 config_mini210，运行 make menuconfig 命令进入图形界面的内核配置主菜单中，再通过进入每个菜单中选择所需要的添加或裁剪的文件，在定制好内核以后，退回到主菜单并退出保存，然后执行 make zImage 命令对配置到的内核进行编译，编译过程如图 2.10 所示，编译结束后在/arch/arm/boot 目录下生成一个名为 zImage 的 Linux 内核镜像文件，在后期的内核移植中我们就可以使用该镜像文件对开发板进行内核移植。

图 2.10　内核编译过程

2.2.3　Sqlite3 数据库加载

Sqlite3 数据库是一个开源的小型关系数据库，由 C 语言编写而成，具有很强的移植性，代码量大概在 3 万行左右。Sqlite3 具有接口简单易用，数据存取速度较快，支持大部分的 SQL 语句，最大可支持 2 TB 的存储容量，对数据具有一定的压缩功能等优点。本系统采用 Sqlite3 数据库对数据进行管理存储。

（1）打开 Sqlite3 数据库：

int sqlite3_open（const char □ filename，Sqlite3 □□ sqlite3DB）

（2）执行 SQL 语句：

int sqlite3_exec（Sqlite3 □sqlite3DB，const □sql，sqlite3_callback，void □，char □* errmsg ）

（3）关闭 Sqlite3 数据库：

int sqlite3_close（Sqlite3 ＊ sqlite3DB ）

在使用 Sqlite3 数据库并对数据库操作之前，首先需要通过 sqlite3_open（）函数来打开数据库，在打开时需要传输两个参数，一个是 filename，它是数据库文件名；另一个是 sqlite3DB，它是关键数据结构，是以后数据存放的位置所在。在打开数据库时，sqlite3_open（）函数会返回一个整型的句柄，大于 0 表示成功打开，小于 0 表示打开失败。sqlite3_close()函数对应前面的 sqlite3_open()函数，当不需要对数据库操作时，需要关闭数据库，只需要将打开时返回的句柄传入 sqlite3_close()函数中，这样就会关闭数据库。在整个数据库操作中，sqlite3_exec()函数是对整个数据库操作的重点，所有的 SQL 语句都需要调用 sqlite3_exec()函数来进行使用，通过在 sqlite3_exec()函数中来处理一条或多条 SQL 语句，达到对数据库操作的目的。

2.2.4　Wi-Fi 驱动模块加载

在 Wi-Fi 模块与嵌入式处理器进行硬件连接后，通过 Linux 系统内核加载 Wi-Fi 模块驱动，然后依据驱动程序接口进行网络配置、程序编写，这样才能实现所需要的收发功能，主要有以下三个操作步骤。

1. 向内核加载 Wi-Fi 模块驱动

所谓的 Wi-Fi 模块驱动，就是屏蔽了底层硬件设备，为操作系统和应用程序提供一个访问、使用硬件设备的统一接口，通过通用接口操作来实现功能的一段程序。由于硬件模块生产厂商不同，因此需要加载的模块驱动不同，并且在加载 Wi-Fi 驱动前需确保内核配置有无线网卡驱动，这样才能保证加载好的驱动正常运行。在加载前首先要找到生成厂商对应硬件的模块驱动，本文基于 RT3070 模块加载了相应驱动包程序，加载过程如图 2.11 所示。

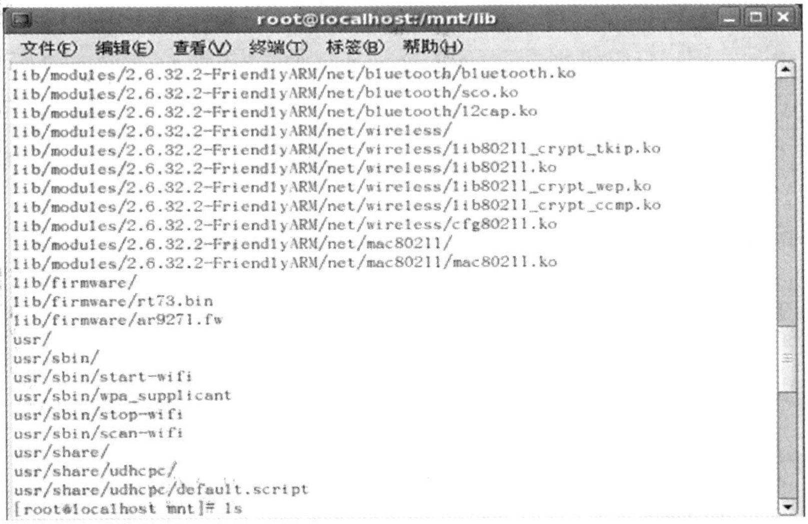

图 2.11　Wi-Fi 驱动加载过程

2. Wi-Fi 网络配置

在加载好 Wi-Fi 驱动后，需要进行网络配置，在系统的 usr/sbin 目录下有三个实用命令程序，分别是 scan-wifi、start-wifi、stop-wifi，其功能是通过加载好的驱动程序，进行无线扫描、开始网络、停止网络。在开发过程中，本系统调用库文件，通过 QT 应用程序进行图形界面开发，如图 2.12 所示。

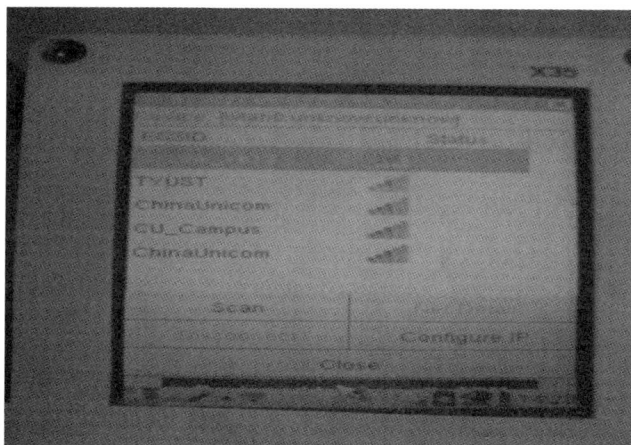

图 2.12　scan-Wi-Fi 扫描界面

3. Wi-Fi 模块数据收发测试

本系统通过在 PC 机中使用 TCP/UDP Socket 调试工具来模拟一个服务器，在开发板上开发 QT4 界面，通过调用网络接口，在 LCD 触摸屏上写入数据并进行接收，实验结果如图 2.13 所示。从实验结果可以看出，系统可以进行可靠的数据收发。

2.2.5　串口应用开发

系统是在 RS485 总线基础上通过 Modbus 协议进行数据传输的。在串行链路上采用一对多的主从查询机制，在使用过程中，主设备按照通信协议对总线上的从设备发出命令，总线上对应的从设备收到命令请求后给出相应的回应信息至主设备，总线上的从设备之间是互不通信的，使得总线使用能够合理地运行，避免了通信节点冲突。

在使用串口时，先要对串口进行初始化配置，来启动串口功能。一般通过 set_up_comms() 封装函数进行串口设置：

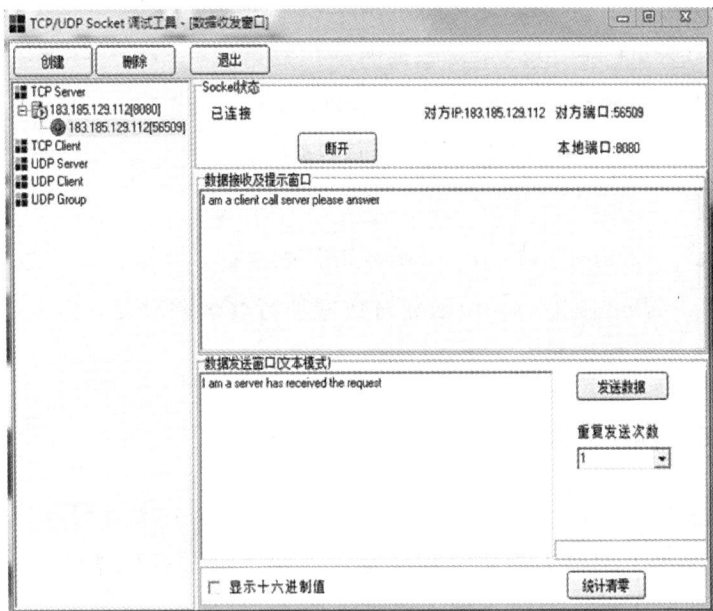

图 2.13　数据收发过程

set_up_comms(char □device,int baud_i,char □parity)

{

　　通过 device 来设置使用哪个串口；

　　baud_i 设置波特率；

　　设置串口字长，停止位，CRC 校验；

　　open(device，O_RDWR)函数打开串口；

}

通过 Modbus 传输协议编写 read_holding_registers()函数，其中需要传送设备地址 slave，寄存器地址 start_addr，获取数据存放的位置和大小，然后通过串口句柄 fd 传输，返回一个整型值。具体实现代码如下：

int read_holding_registers(int slave, int start_addr, int count,int ∗ dest, int dest_
size，int ttyfd)

{

　　通过 fd 发送 Modbus 协议命令；

《　　使用 *send_query()* 函数发送协议报文；

　　Read_Io_start_resqonse() 函数监听串口数据；

　　Crc_calc() 函数校验，确认数据的准确性；

　　将数据存入相应的寄存器中为后期处理做准备；

}

通过调用 read_holding_registers()函数来获取数据，数据存放于相应的寄存器中，然后调用数据库中的 sqlite3_exec()函数对数据进行处理并存储，为后期的故障诊断做好准备。

2.2.6　人机交互程序开发

在调试好 Sqlite3 数据库、串口、Wi-Fi 模块等功能后，使用 QT4 图形开发软件进行人机交互程序开发，同时采用多线程处理来加快数据并行处理的能力，既保证了人机交互又满足了后台运行，还可以减小资源的开销。具体代码如下：

```
int main(int argc,char □argv[])
{
    QAPPlication a( argc , argv)
    Dialog W
    fd＝set_up_comms()                                //设置串口
    start－wifi()                                     //初始化 Wi-Fi 模块
    sqlite3_open()                                    //打开数据库
    on_startButton_clicked()                          //初始化线程
    on_pushButton_clicked()                           //打开串口
    connect(&thread,SIGNAL(),this, SLOT())            //信号槽建立线程
    changestring()                                    //处理接收到的数据
    sqlite3_exec()                                    //对数据存储
    专家系统调用数据库进行故障诊断
}
```

以上为整个软件系统程序设计的流程。

2.3　软件平台移植

在 PC 机上编译好系统内核、文件系统、Bootloader 及应用程序后,需要将所有的软件程序移植到开发板上。而在移植系统内核前首先需要烧写 Bootloader(通过烧写 Bootloader 来保证内核系统能够正常启动),然后再移植相应的系统内核、文件系统及应用程序。

2.3.1　Bootloader 编译和烧写

Bootloader 是在操作系统启动之前运行的一段小程序,类似于 PC 中的 BIOS 程序。通过 Bootloader 程序的运行,完成硬件设备的初始化,建立内存空间的映射功能,从而将系统的软、硬件环境带到一个合适的状态,为后一阶段的内核启动做好准备。由于 Bootloader 是严格依靠硬件功能来实现的,而在嵌入式领域中硬件的千变万化、各种体系结构的不同、功能复杂性程度的不同,导致建立一个通用的 Bootloader 几乎是不可能的。尽管如此,仍然可以对 Bootloader 中通用的地方进行归纳设计。基于 Bootloader 通用性开发,再加上嵌入式 Linux 的开放源代码引导程序,使各个硬件厂家在生产不同芯片时为其提供了不同版本的 Bootloader,包括 BLOB、U-boot、RedBoot、Supervivi等。

本系统使用 U-boot 来引导内核启动,在/opt/FriendlyARM/Bootloader/U-boot 目录中通过 make open210_config 命令对 U-Boot 进行配置文件设置,通过 make 命令就开始编译生成一个 U-Boot.bin 的一个文件,然后连接好串口和 USB 线。打开超级终端后串口显示如图 2.14 所示。然后选择功能号"a",打开 DNW 软件,点击 UsbPort-> Transmit/Restore,将 U-boot.bin 烧写到 NAND Flash 中,完成 Bootloader 的烧写。

2.3.2　移植内核、文件系统及应用程序

在 PC 机上通过 make menuconfig 图形界面命令对内核进行裁剪,加载文件系统,编译出一套完整的系统映像文件 zImage。在连接好 USB 后,再启动专用的 Bootloader 后,打开 MiniTools 工具,会出现图 2.15 所示界面,然后添加所要烧写的 Bootloader

文件、内核映像 zImage 文件，文件系统和串口设置命令所存放的位置，点击开始烧写，这样就达到了一键烧写的目的。

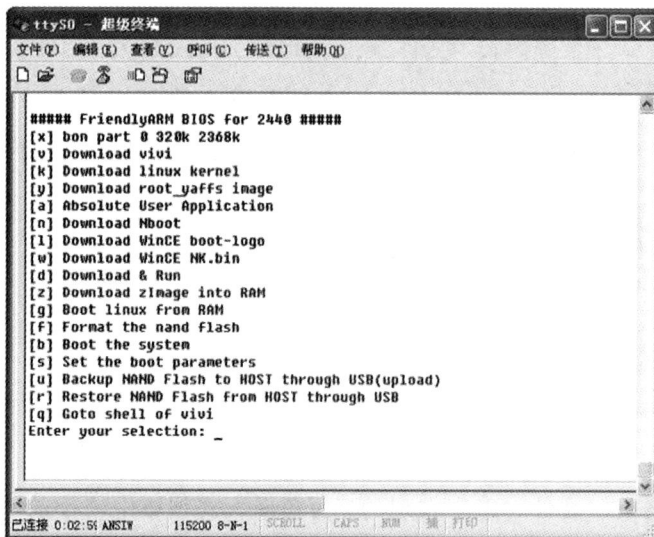

图 2.14　串口终端显示

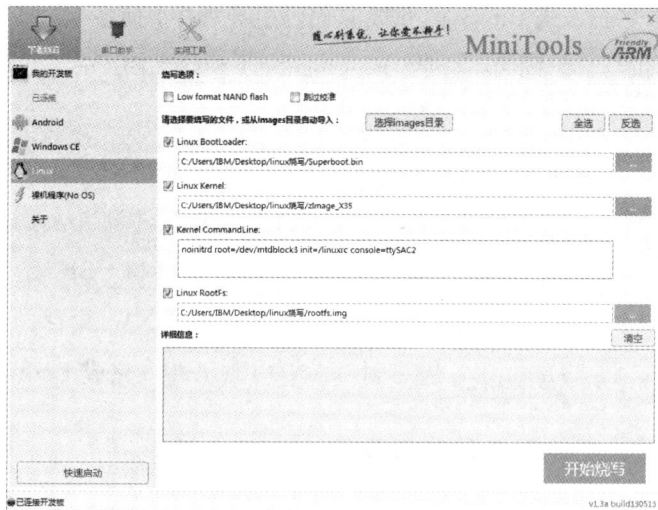

图 2.15　Bootloader、Kernel、文件系统烧写

第 3 章　工程车辆液压系统智能故障诊断中的数据压缩与传输

在工程车辆液压系统智能故障诊断中，数据扮演着非常重要的角色，是决策、诊断的依据，对数据进行有效处理至关重要，尤其是将数据从现场设备传输到诊断中心时，为了保证数据的高效传输，避免数据丢失或被篡改，同时减小数据的存储空间，需要选择合适的方法对数据进行压缩与传输；本章基于 Huffman（哈夫曼）无损压缩算法对二进制流数据进行压缩，并将压缩后的数据，利用 Socket 通信技术，在 VC＋＋环境下，实现从客户端到服务器端的有效传输。

3.1　基于 Huffman 编码的二进制流数据压缩算法

Huffman 编码算法是通用的数据压缩算法，它是根据各字符出现的概率来压缩数据，在获得各字符出现的概率后，构造一棵 Huffman 树，用来编码和译码。其核心思想就是按照符号出现的概率来构造平均长度的异字头编码，在原始数据中出现次数越多即概率越高的符号，其码长越短；相反，概率越小的符号，其码长就会越长，尽可能做到用最少的编码符号表示原始数据。

3.1.1　Huffman 编码的实现过程

Huffman 编码是通用的数据压缩算法，是大部分通用压缩程序的基础，往往被当作压缩过程的一个步骤。由于 Huffman 编码算法编码效率高，运算速度快，实现方式较灵活，该算法已成了当今压缩软件的核心。

Huffman 编码包括三个阶段：首先，统计分析数据源中各字符出现的概率；其次，利用得到的概率值创建哈夫曼树，对每个字符出现的概率大小赋予一定的编码，低概率的字符对应长编码，高概率的字符对应短编码；最后，对哈夫曼树进行编码，并把编码后得到的码字存储起来，用各字符对应的编码代替数据源中的各字符。

哈夫曼树的创建过程如下：

一般地，哈夫曼树是完全二叉树，具有 n 个叶子结点，即有 $2n-1$ 个结点。设 G 为组成文件的字符集，$G = \{G_1, G_2, \cdots, G_n\}$。若用 L_i 表示 G_i 的编码长度，P_i 表示 G_i 出现的频率（次数），确定 L_i 大小，使所有 P_i 与 L_i 的乘积之和的值最小，总编码长度即为最短。按下列步骤构造二叉树：

(1) 按照权值集合 $W = \{w_1, w_2, \cdots, w_n\}$，构造二叉树集合 $T = \{T_1, T_2, \cdots, T_n\}$，其中，$w_i$ 是 T_i 的根结点的权值，每棵二叉树的左右两个子树都是空的。

(2) 构造一棵新的二叉树，其左右子树分别是从 T 中选出的两棵 w_i 最小的树，其根结点的权值是左右子树的 w_i 之和。

(3) 将选出的两棵树从 T 中删除，并且加入新的二叉树到 T 中。

(4) 一直重复步骤(2)和步骤(3)，直到 T 中只包含一棵树为止，这棵树即是所要找的哈夫曼树。

在哈夫曼树中，每个叶结点表示一个字符，其权值表示该字符的出现概率，且距离根结点越近的字符出现的概率越高，从根结点到叶结点路径上的唯一的数字串就表示不同概率模式的码字，而路径长度则表示字符编码后的码字长度，并且规定各个结点的左右子树分支分别代表"0"和"1"，这就是 Huffman 编码，该编码方式直观简单。

具体说来，实现 Huffman 编码的步骤为：

(1) 将原始数据符号按出现的概率降序排列。

(2) 把序列中概率最小的两个值相加，其和作为新符号的概率。

(3) 将新概率值与其他概率值一起，重复进行步骤(1)和(2)，直到相加的结果等于 1.0 为止。

(4) 合并运算时，将每对组合中概率较大的符号用 0 表示，较小的符号用 1 表示。

(5) 记下从概率为 1.0 的地方到当前信源符号之间的 1、0 序列，便得到了各信源符号的 Huffman 编码。

3.1.2 一种改进的二进制流数据压缩算法

本文处理的是工程车辆液压系统的振动数据，不同于传统的文本文件的字符或单词，所以基于传统的 Huffman 编码算法，本文对数据压缩主要进行了两点改进，第一，将文本文件看作是由"0"和"1"组成的二进制流，定义若干个二进制位为压缩处理单元组成一个"字"，统计不同"字"的频率，再利用 Huffman 编码算法进行压缩；第二，在统计完频率后，为了提高系统的响应时间和减小复杂度，在构造 Huffman 树时，用堆排序方法进行排序。

1. 二进制流的 Huffman 压缩

文件存储到内存都是"0"和"1"的二进制流，8 个二进制位组成一个字符，这样，多个二进制位组成一个单词，所以，文本文件压缩的处理单元是多个 8 位二进制位。Huffman 编码虽是一种最优压缩方案，但是它往往得不到好的压缩效果，究其原因是没有小数位的字符。根据最优压缩熵理论，最优压缩的熵为 1.3，采用 1.3 个字符作为基本处理单元，也就是用 10 到 11 位二进制位组成一个基本的压缩单元，就可达到最优的压缩。处理文本文件时，先将其看作是由不同位长分组的基本位单元组成的，比如，组成文件的基本位单元分别为"00"，"01"，"10"，"11"，也就是用 2 位二进制组成的基本单元，然后统计每个单元的概率，再用 Huffman 算法压缩，总之，就是要做到将二进制位的整数倍当作处理单元，实现最优压缩。

具体算法步骤如下：

（1）根据最优压缩熵理论，将字的长度范围定在 [2,11]。

（2）首先以 2 个二进制位为一个字，即令 $L=2$。

（3）统计不同字的出现概率。

（4）根据字出现的概率，利用堆排序方法构造 Huffman 树，进行 Huffman 编码。

（5）编码完成后计算压缩比。

（6）L 的值加 1。

（7）判断 L 的值有无超出 11，若没超出，返回步骤（3）。

（8）求出压缩比最小的 L，记为 L_{min}，将其选为字长进行编码。

2. 堆排序法构造 Huffman 树

堆排序是一种树形排序。可以建立两种堆，一种是堆顶为最大元素，另一种是堆顶为最小元素。堆排序需要两个过程来实现，即堆的建立和调整。堆排序的基本思想是：

将所有的数据建立一个堆，堆顶是最大（或最小）的数据，接着将堆的最后一个元素和堆顶元素交换，然后继续建立堆、交换数据，重复进行，最终将所有元素数据的排序实现。在堆排序中，两个相同关键码的元素位置可能会发生交换，导致堆排序不稳定，由于堆的建立和调整次数较多，所以堆排序对数据元素较少的情况不适合。

传统的 Huffman 编码算法主要是通过插入和删除频率极小的数据元素来构造 Huffman 树，而堆排序也支持此种数据结构，且对内存的读写次数少，系统的响应速度快。所以选用堆排序算法来构造 Huffman 树。这样能够降低算法复杂度，提高算法的执行效率。

堆排序算法可以解决二叉树的构造和排序问题。堆其实就是一棵完全二叉树，树上的任一非叶子结点的关键字不小于（或不大于）它的左右子结点的关键字。构造 Huffman 树的过程就是一直构建初始堆，并将堆顶元素不断同步推出，然后继续排列顺序构建堆。每一次构建都将权值最小的两个子结点选出，再由这两个结点权值之和构成它们的父结点，这两个子结点就成为静止结点，而其父结点将成为活动结点继续通过堆排序方法构造 Huffman 树。就这样一直循环操作，直到只剩下一个父结点为止，将其作为最终的根结点，一棵二叉树就形成了。

堆排序的两个关键问题：其一，怎样将一个无序序列构建为一个堆；其二，堆顶元素推出后，怎样调整剩下元素使之成为一个新堆。针对这两个问题，首先移出完全二叉树中的根结点记录，记为待调整记录。这时根结点就是空结点，从其左右两个子结点中选出关键字较小的记录，若该记录的关键字小于待调整记录的关键字，空结点中就放置该记录。目前的空结点就是原来那个关键字较小的子结点。然后一直按照上述方法移动，直到空结点的左、右两个子结点的关键字记录值都不小于待调整记录的关键字为止。此时，空结点中放置待调整记录。这样的调整过程其实就是把待调整记录依次向下"筛"的过程，故称之为"筛选"方法。另外，任意一个序列都可以看成是一个对应的完全二叉树，叶结点也可以认为是只有一个元素的堆，所以可以将"筛选"法反复运用，从下到上逐层将所有子树调整为堆，最后整个完全二叉树也被调整为堆。

3.1.3　液压泵振动数据的压缩实例

在 VC＋＋环境下，利用上节提出的压缩算法分别对液压泵球头松动故障下 X、Y、

Z 三个不同方向的振动加速度数据进行压缩，各文件的压缩结果如表 3.1 所示，同样的文本数据用传统 Huffman 算法的压缩结果如表 3.2 所示。对比表 3.1 和表 3.2 中相应的压缩比可知，本文的压缩算法比传统的 Huffman 编码算法的压缩比小，压缩效果好，实现了对文本数据的有效压缩，减小了数据的存储空间。

表 3.1　改进算法对振动数据的压缩结果

文件大小及压缩比	X 方向	Y 方向	Z 方向
原始文件大小/B	4241	4187	4261
压缩文件大小/B	1597	1513	1601
压缩比/%	37.66	36.13	37.57

表 3.2　传统 Huffman 编码算法对振动数据的压缩结果

文件大小及压缩比	X 方向	Y 方向	Z 方向
原始文件大小/B	4241	4187	4261
压缩文件大小/B	2057	1995	2066
压缩比/(%)	48.50	47.65	48.49

3.2　基于网络协议的 Socket 数据通信技术

Socket(套接字)是通信的基石，是支持 TCP/IP 协议通信的基本操作单元，可以将套接字看作是不同主机间的进程进行通信的端点，可以看成是两个网络应用程序进行通信时，各自通信连接中的端点。Socket 实际上是网络通信过程中端点的抽象表示，包含进行网络通信必需的五种信息：连接使用的协议，本地主机的 IP 地址，本地进程的协议端口，远地主机的 IP 地址及远地进程的协议端口。

3.2.1　网络协议基本概念

网络协议是计算机网络中为进行数据交换而建立的规则、标准或约定的集合,由语义、语法和时序三个要素组成。语义是解释控制信息每个部分的意义,它规定了需要发出何种控制信息,以及完成的动作与做出什么样的响应;语法是用户数据与控制信息的结构与格式,以及数据出现的顺序;时序是对事件发生顺序的详细说明。

TCP/IP协议是最常见的网络协议,是因特网的正式网络协议,是一组在许多独立主机系统之间提供互联功能的协议,规范了因特网上所有计算机互联时的传输、解释、执行、互操作,是被公认的网络通信协议的国际工业标准。TCP/IP是分组交换协议,又称之为因特网协议栈,信息被分成多个分组在网上传输,到达接收方后再把这些分组重新组合成原来的信息,是大型路由式内部网及因特网广泛使用的协议。

TCP协议是一种面向连接的、可靠的协议,位于TCP/IP模型的传输层,它向用户提供的字节流是全双工的。在利用TCP进行通信时,双方会建立一个通道,它将源主机发出的字节流发送给目标主机,且发送没有任何差错。基于TCP协议的网络程序在发送方和接收方之间建立连接,使进程能够顺利通信,没有包混乱和包丢失的情况。

UDP协议是一种面向无连接、不可靠的协议,它位于TCP/IP协议模型的传输层。在传输数据之前,发送方和接收方不用先建立连接。处于远方的主机,接收到UDP数据报后,不需给出任何应答。UDP传送的各数据包相互独立,也没有前后顺序之分。数据到达接收方时,其顺序性、时效性得不到保证,可能在传输时丢失了一部分,所以数据具有不确定性。

3.2.2　Socket数据通信机制

套接字(Socket)是为UNIX操作系统开发的一种网络编程接口,随着Windows操作系统的发展,套接字被移植到了Windows里。一个套接字(Socket)由一个端口号和一个IP地址组成。Internet中的一个网络进程由一个套接字唯一标识,而一个网络桥接由两个套接字的组合唯一标识。TCP/IP的套接字有三种类型:原始套接字(Raw Socket)、数据报式套接字(Datagram Socket)和流式套接字(Stream Socket)。

Socket 支持面向连接的和无连接的两种通信模式。TCP/IP 传输层的 TCP 协议使用的 Socket 类型为 Stream Socket，它能够无重复、无差错、按一定顺序传输数据，是一种可靠的服务；传输层的 UDP 协议使用的 Socket 类型为 Datagram Socket，它定义了一种无连接的服务，利用彼此独立的包传输数据。这种方式的缺点是：不能保证包没有重复、丢失和出错，且各包的传输没有顺序。而 TCP 协议基本上克服了 UDP 协议的缺点，具有不丢包、可靠的优点，所以在工程机械远程故障诊断系统中传输数据时，利用 TCP 协议方式较为合适，即用数据流套接字实现进程间通信。

系统调用套接字接口的通信流程如图 3.1 所示。

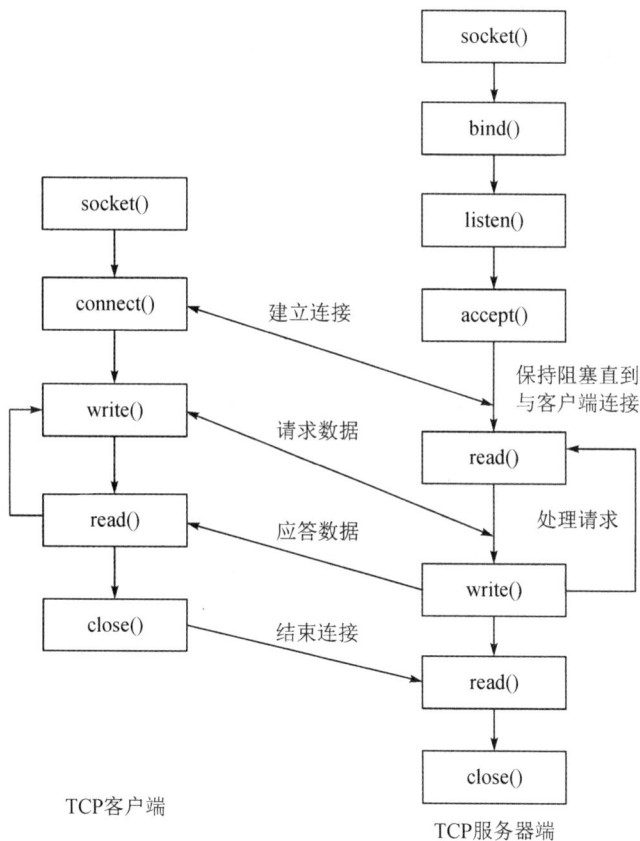

图 3.1　Socket 通信过程

Socket 通信过程为：启动服务器，当客户向它发出请求时，服务器做出应答。首先客户与服务器都要通过调用 socket()函数创建套接字，也即客户端和服务器端都要初始化一个 Socket。通过调用 XSockAddr server_addr，server_addr. set_host()；server_addr. set_port()这三个函数对主机地址、IP、端口号来进行分配。之后服务器通过调用 bind()函数将其套接字与本地网络地址(端口号和 IP 地址)绑定在一起，调用 listen()函数监听端口，使套接字处于随时接收状态，然后调用 accept()函数使服务器处于阻塞状态，等待客户端的连接请求。此时，若有一个客户调用 open()函数打开了其套接字，就调用 connect()函数连接服务器，一旦成功，客户端与服务器端的连接就建立了，便可以在双方之间交互通信，客户端将数据请求发送给服务器端，服务器端接收并处理请求，将结果发送给客户端，客户端读取返回的数据。当传输结束后，双方都要调用 close()函数关闭连接，这样一次通信交互结束。

3.3 基于客户/服务器模式的数据传输技术

客户/服务器即 Client/Server(C/S)模式是一种分布式系统体系结构模型，描述的是进程之间服务和被服务的关系，客户端(Client)是资源的请求方，服务器端(Server)是资源的提供方，当两端建立通信链接后即可实现数据的收发。C/S 结构在技术上已经很成熟，它的主要特点是交互性强、具有安全的存取模式、响应速度快、利于处理大量数据，适合小型局域网内的数据通信。本节在 VC++环境下，以一台主机模拟客户和服务器，对工程车辆液压泵球头出现松动故障时的三个方向的振动数据实现了数据传输。

3.3.1 数据传输帧格式定义

基于 TCP 的三次友好握手协议，建立好客户端与服务器端的连接后，利用自定义的帧格式进行数据传输，定义的帧格式如表 3.3 所示。

表 3.3 数据传输帧格式

1～4 字节	5～8 字节	……
数据包长度	文件编号	数据

每一帧数据包含三个字段，第一个字段表示的是数据包的长度，占 4 个字节；第二个字段表示的是文件的编号，占 4 个字节；第三个字段表示的是所要传输的数据。对于客户端和服务器端来说，只要将接收到的数据序列从帧头处减去 8 个字节即可得到原文本数据。

3.3.2　相关成员函数封装

本节用到的相关成员函数封装如下：

（1）bool open(int type = SOCK_STREAM)，该函数用于打开 Socket，type 说明 Socket 类型是流式套接字。

（2）bool bind(const XSockAddr& addr)，该函数用于绑定 Socket 和本机的一个端点地址，即 IP 地址＋端口号。

（3）bool connect(const XSockAddr& addr)，该函数用于客户端向服务器发出请求，建立一个 TCP 连接。

（4）bool listen(const XSockAddr& addr, int backlog＝－1)，该函数用于等待客户 Socket 请求，并为 Socket 建立一个输入数据队列，存储到达的客户服务请求。

（5）bool accept(XSocket& sock, XSockAddr□ remote_addr＝NULL)，该函数用于从等待连接队列中取得第一个客户连接请求，并建立一个新的套接字，之后就由它负责与远端客户通信。

（6）bool shutdown()，该函数用于套接字在某个方向上将数据传输关闭，而在另一个方向上数据仍可继续传输。

（7）bool close(int delay＝－1)，该函数用于双方所有数据传输完毕后，关闭套接字。

3.3.3　创建客户/服务器端程序

在模拟 C/S 模式时，客户/服务器端先构建一个 Socket 对象，用的是 XSocket 类。在客户端建立一个 XSocket 类对象 socket_client，它向服务器端监听的 8586 端口请求连接，即

XSocket socket_client；

XSockAddr server_addr;

server_addr. set_host("127. 0. 0. 1");

server_addr. set_port(8586);

当服务器端接收了连接请求后，服务器端创建的新的 Socket 和 socket_client 之间建立了专线连接，开始进行数据的传输。

在服务器端建立一个 XSocket 类对象 socket_server，它监听 8586 端口，IP 地址为本地地址，即

XSocket socket_server;

XSockAddr server_addr;

server_addr. set_host("localhost");

server_addr. set_port(8586);

接着按图 3.1 的时序调用上述各个成员函数进行通信，调用 socket_server 对象的 accept 等待客户端的连接，当接收到客户的连接请求后，创建一个新的 Socket 对象与该客户建立专线连接。

3.3.4　客户端数据传输

在客户端开始传输数据前，首先通过 map 以 Key/Value(键/值)对的形式找到文件所在位置以及其中的数据，Key 是文件存在的位置，而 Value 是具体存放的数据，然后以迭代器 iterator 遍历所在文件中的每一个数据，即

map<uint32, string> files = NumToFile::get_map();

map<uint32, string>::iterator it = files. begin();

依次读取每个文件和对每个文件数据进行压缩、加密、传输处理，FileReader 为定义的一个类，创建对象 reader，然后读文件，即

FileReder reader;

reader. read_file(it->second. c_str());

其中，it->second 为 map 键值对的第二个参数 string，即存储数据的字符数组。接着，利用定义的一个类 Message，创建对象 send_msg()实现对数据的压缩和加密，即

Message send_msg(it->first, reader. get_char(), reader. get_size());

其中，it->first 是文件的位置，reader. get_char()是文件中的数据，get_size()是文件中数据长度。

而在这里压缩时主要是将存在数组 data 的二进制数据以数组长度存放在 src_buf 数组中，此时 src_buf 为要压缩的数据数组，而 des_buf 为压缩后存储数据的数组，然后调用本文提出的 huffman 压缩算法对数据压缩，压缩后数据的长度为 m_data_len，按照自定义的数据传输的帧格式，需将其加 4 个字节用于存储文件编号，主要函数代码如下：

string des_buf，src_buf；

src_buf. assign(data，len)；

huffman：：encode(des_buf，src_buf)；

m_data_len ＝ des_buf. size()；

m_len ＝ m_data_len ＋ 4；

压缩成功后，就要对其加密，为设置的 RC4 类建立一个对象 rc4_，首先要设置密钥，这可由使用者任意设置，本文设置的密钥为"encode rc4 is ok?"，开辟一个存放字符数组(包括 m_data_len 个元素)的空间 m_data，然后利用 RC4 加密算法对压缩后的大小为 m_data_len bytes 的数据加密，主要函数代码如下：

m_data ＝ new char[m_data_len]；

rc4_. init((byte ∗)key_，strlen(key_))；

rc4_. update((const byte ∗)des_buf. c_str()，(byte ∗)m_data，m_data_len)；

其中，des_buf. c_str()存储的就是加密后的密文，长度为 m_data_len。

数据进行了压缩加密处理后，客户端的 Socket 就用 send_n()传输数据，

int send_len ＝ socket_client. send_n(send_msg. get_send_buf()，send_msg. get_len())；

其中，send_msg. get_send_buf()为要发送数据的缓冲区，send_msg. get_len()为要发送数据的字节长度。

传输完成后，关闭 Socket，即 socket_client. close()，最终得到客户端的传输结果如图 3.2 所示。

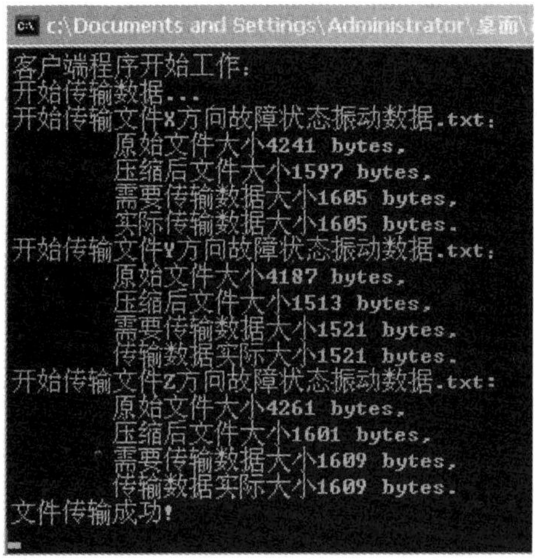

图 3.2　客户端数据传输结果

3.3.5　服务器端数据传输

在服务器端接收了连接请求后，服务器端创建的新的 Socket 和 socket_client 之间建立了专线连接，开始接收客户端传输的数据，即

socket_server. accept(socket_client)；

将字符数组 data 初始化为 0，然后从客户端以 4 字节长接收数据并存储到 data 中，即

int len_ ＝ socket_client. recv_n(data, 4)；

然后将 void * 型的 data 转换成 int * 指针，再对 int * 指向的地址指针取值，把 void * 指针指向的内存，取出整型数据来，即

len_ ＝ ＊(int *)data；

此时 len_就是数据包长度，然后客户端再以 len_长的字节接收数据并以 data 数组的第 5 个位置为起点将数据存储到 data 中，即

int data_len_ ＝ socket_client. recv_n(data ＋ 4, len_)；

此时 data_len 就是接收到的数据包的长度，而 data 指针移动的前 4 个字节存储的是文件编号，下面利用定义的类 Message，创建对象 recv_msg()实现对数据解密和解压

缩，即

Message recv_msg(data)；

在这里，也要遵循传输时定义的帧格式来接收数据，所以必须先将包头和文件编码去掉，找到真正存储的数据长度，即：

char * data_ ＝（char * ）data；

m_len ＝ * （uint32 * ）data_；

data_ ＋＝ sizeof(uint32)；

m_num ＝ * （uint32 * ）data_；

data_ ＋＝ sizeof(uint32)；

m_data_len ＝ m_len － 4；

m_len 是传输时前 4 个字节中存储的文件编码所占字节大小与数据包长度所占字节大小的和，而 m_num 就是文件编号所占字节大小，m_data_len 就是数据包长度所占字节大小。

对数据解密时，同加密方法一样，调用密钥"encode rc4 is ok?"，使用字节序列初始化 S 盒，再用 RC4 算法对密文和密钥进行异或，即可得到明文，将其存储到 des_ 中，即

char * key_ ＝ "encode rc4 is ok?"；

rc4_. init((byte *)key_，strlen(key_))；

rc4_. update((const byte *)data_，(byte *)des_，m_data_len)；

解密之后，将明文以其长度 m_data_len 存储到字符数组 src_buf 中，然后开始进行解压缩，利用本文提出的 huffman 算法解压，解压后存储到 des_buf 中，即

src_buf. assign((char *)des_，m_data_len)；

huffman∷decode(des_buf，src_buf)；

经过解密和解压缩后，获得文件的编号，然后将接收到的数据写入相应的文件，即

FileWriter file_write(recv_msg. get_data()，recv_msg. get_data_len())；

file_write. write_file(file_. c_str())；

FileWrite 是定义的一个类，而 file_write 是其创建的对象，第一个参数是要写入的数据，第二个参数是写入数据的长度。

接收数据完毕后，关闭服务器端 Socket，即

socket_recever.close();

服务器端接收的结果如图 3.3 所示。

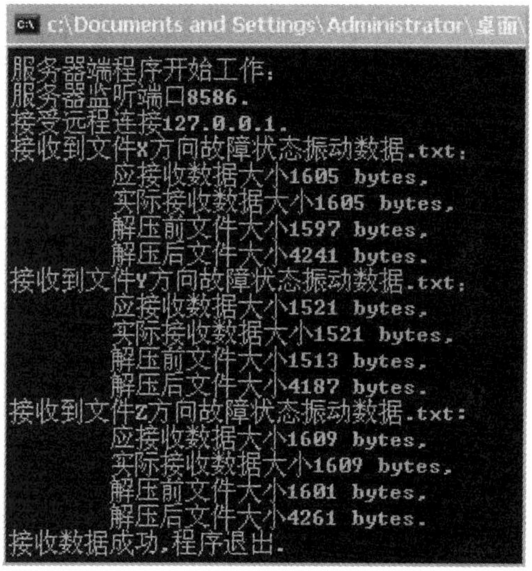

图 3.3　服务器端接收数据结果

　　分别对比图 3.2 和图 3.3 可知，经解密和解压缩操作，数据传输到客户端后还原成了原始数据，即数据安全无损地由客户端传输到了服务器端，并存储在服务器端的 data 文件中。本传输系统可以扩展到对任意文本文件的传输，只需在 Message.cpp 中按如下程序添加文本键值对，将文本数据加入指定路径即可：

map<uint32，string> NumToFile::num_to_file；

NumToFile File1(1，"..\\data\\X 方向故障状态振动数据.txt")；

NumToFile File2(2，"..\\data\\Y 方向故障状态振动数据.txt")；

NumToFile File3(3，"..\\data\\Z 方向故障状态振动数据.txt")；

……

第 4 章　基于人工神经网络的工程车辆液压系统智能故障诊断技术

　　传统的故障诊断方法和诊断理论对单过程、单故障和渐发性故障的简单系统可以发挥较好的作用，但对于多过程、多故障和突发性故障以及复杂庞大、高度自动化的工程车辆液压系统就具有很大的局限性。人工神经网络（Artificial Neural Network，ANN）是人工智能的一个分支，它具有强大的学习能力、记忆能力、计算能力以及各种智能处理能力，可以在不同程度上模仿人脑神经系统的信息处理、存储和检索能力，不用建立数学模型，能逼近任意复杂的非线性系统，实现非线性映射，非常适合做故障分类器。目前，基于神经网络的智能故障诊断技术作为一种有效的诊断方法和手段，在液压系统故障诊断领域已经得到了实际的应用。

4.1　人工神经网络模型基本理论与算法

　　人工神经网络是在模拟生物神经网络的基础上构建的一种信息处理系统，具有强大的信息存储能力和计算能力，是一种非经典的数值算法。ANN 在 1943 年提出，20 世纪 80 年代进入了一个发展高潮，至今已开发出误差反向传播（BP）网络、Elman 网络、对向传播网络（CPN）、径向基函数网络（RBF）、Hopfield 网络、Kohonen 网络等 30 多种典型模型，其中以 BP 网络模型应用最广。由于其计算方法具有自组织、自适应、并行性、非线性和容错性等特征，ANN 已经成为人工智能领域的前沿技术，在函数逼近、模式识别、信号处理等领域应用广泛。

4.1.1　BP 神经网络

　　BP 神经网络是一种按误差逆传播算法训练的多层前馈网络，能学习和存储大量的输入-输出模式映射关系,而无需事前揭示描述这种映射关系的数学模型,是目前应用最广泛的神经网络模型之一。BP 神经网络模型拓扑结构包括输入层(Input Layer)、隐层(Hide Layer)和输出层(Output Layer),如图 4.1 所示。BP 神经网络属于有导师学习网络,在网络进行学习训练时,需要提供相对应的输入、输出样本数据。它的学习规则是使用最速下降法,通过反向传播来不断调整网络的权值和阈值,使网络的误差平方和最小。学习过程由信号的正向传播与误差的反向传播两个过程组成。正向传播时,输入样本从输入层传入,经隐层逐层处理后,传向输出层,若输出层的实际输出与期望输出不符,则转向误差的反向传播阶段。误差的反向传播是将输出误差以某种形式通过隐层向输入层逐层反传,并将误差分摊给各层的所有单元,从而获得各层单元的误差信号,此误差信号即作为修正各单元权值的依据。这两个过程是相继连续反复进行的,直至误差满足要求。

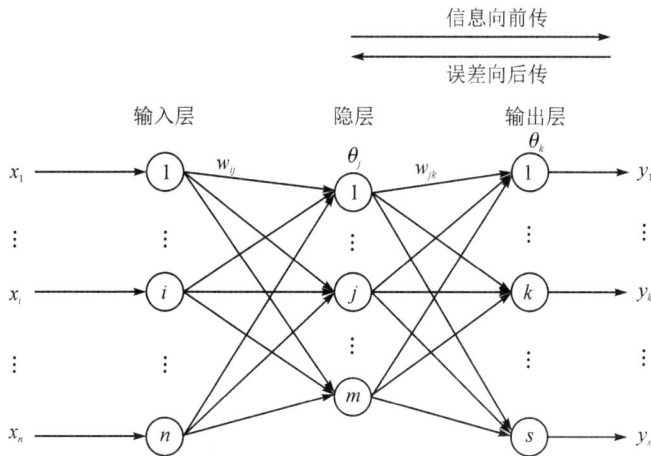

图 4.1　BP 神经网络拓扑结构

　　BP 神经网络隐层单元激励函数多采用 S 型函数,输出函数采用 S 型或 Purelin 线性函数。有研究表明,只要隐层节点足够多,一个三层(输入层、隐含层和输出层)BP 神经网络可以以任意精度逼近任意非线性函数。

　　图 4.1 中,输入层有 n 个节点,隐层只有一层,具有 m 个节点,输出层有 s 个节点。设输入层神经节点的输入为 $x_i(i=1,2,\cdots,n)$,由于输入层没有网络权值和阈值,所以输入层的输出也是 $x_i(i=1,2,\cdots,n)$。设隐层节点的输入为 h_j,输出为 O_j,w_{ij} 为输入层

与隐层的网络权值，θ_j 为隐层相应节点上的阈值，则其输入和输出分别为

$$h_j = \sum_{i=1}^{n} w_{ij} x_i - \theta_j \qquad (4-1)$$

$$O_j = f(h_j) = \frac{1}{1+\mathrm{e}^{-h_j}} \qquad (4-2)$$

式中，$j=1,2,\cdots,m$。设 w_{jk} 为隐层与输出层的网络权值，θ_k 为输出层相应节点上的阈值，则其输入 h_k、输出 y_k 分别为

$$h_k = \sum_{j=1}^{m} w_{jk} O_j - \theta_k \qquad (4-3)$$

$$y_k = f(h_k) = \frac{1}{1+\mathrm{e}^{-h_k}} \qquad (4-4)$$

式中，$k=1,2,\cdots,s$。

BP 神经网络的学习训练过程如下：

（1）根据研究对象的实际需要设定相应的输入层、隐层和输出层节点数，初始化 BP 神经网络，并初始化隐层和输出层权值和阈值，给定误差代价函数 E，误差精度 ε，迭代次数 M 等训练参数。

（2）提供训练用的学习样本，并进行前向计算。输入 P 个训练样本，分别为 $(X^1, X^2, \cdots, X^P)$，其中 $X=(x_1, x_2, \cdots, x_n)$，表示一个样本，期望输出为 $(T^1, T^2, \cdots, T^P)$，其中每个 $T=(y_1, y_2, \cdots, y_s)$，表示一组样本对应的期望输出，运行 BP 算法进行学习训练。

（3）误差反向传播，输出层和隐层加权系数的调整，训练结束。经过前向计算后，将实际输出 $(Y^1, Y^2, \cdots, Y^P)$ 和期望输出 $(T^1, T^2, \cdots, T^P)$ 进行比较，若不一致，则将计算的误差逐层由输出层向着输入端反向传播回来，使输出层和隐层不断自适应地修正各自的网络权值和阈值，向着误差函数 E 减少的方向不断调整，使 Y^P 和 T^P 之间的误差尽可能得小，直到误差减少到满足预先设定的精度要求 ε 为止。其中，对于每一组样本，其隐层和输出层的网络权值和阈值的修正公式如下：

$$w_{jk}(n_0+1) = w_{jk}(n_0) + \eta \sigma_{jk}^{\lambda} O_j^{\lambda}, \qquad \theta_k(n_0+1) = \eta \sigma_{jk}^{\lambda} + \theta_k(n_0) \qquad (4-5)$$

$$w_{ij}(n_0+1) = w_{ij}(n_0) + \eta \sigma_{ij}^{\lambda} x_i^{\lambda}, \qquad \theta_j(n_0+1) = \eta \sigma_{ij}^{\lambda} + \theta_j(n_0) \qquad (4-6)$$

式中，n_0 为迭代次数，η 为步长，$\sigma_{jk}^{\lambda} = (t_k^{\lambda} - y_k^{\lambda}) y_k^{\lambda}(1-y_k^{\lambda})$，$\sigma_{ij}^{\lambda} = \sum_{k=1}^{s} \sigma_{jk}^{\lambda} w_{jk} O_j^{\lambda}(1-O_j^{\lambda})$。当

总误差满足 $E = \dfrac{1}{P} \sum\limits_{\lambda=1}^{P} \sum\limits_{k=1}^{S} (t_k^{\lambda} - y_k^{\lambda})^2 < \varepsilon$ 时，停止迭代，训练结束。

　　BP 神经网络具有很强的自学习、自适应和并行处理等能力，能很好地解决复杂的非线性函数，并已广泛应用于液压系统的故障诊断系统中，但是由于它的学习算法是基于梯度下降法的 BP 算法，因而当网络优化的对象为复杂的非线性目标函数时，网络在训练过程中极易陷入局部极小点，同时网络还存在着收敛速度慢和训练精度低等问题。

4.1.2　Elman 神经网络

　　Elman 神经网络是一种反馈型神经网络，该模型在前馈型神经网络的隐层与输出层之间增加了一个承接层，作为一步延时算子（延时单元），同时存储了隐层前一时刻的输出值，并返回给输入，也作为输出层下一时刻的输入。这种将隐层的输出自联到输入层的内反馈的学习记忆模式，不仅使网络具备记忆功能，而且增加了网络的自适应性，更增强了网络的全局稳定性。Elman 神经网络比前馈型神经网络具有更强的计算能力，还可以用来解决快速寻优问题。其结构如图 4.2 所示。本节采用 Elman 神经网络对工程车辆液压系统进行故障诊断。

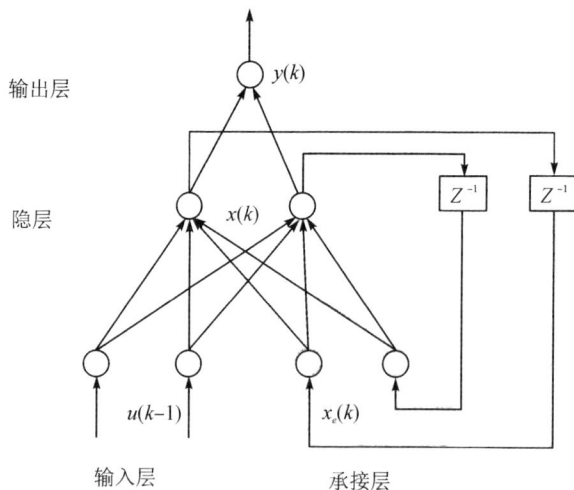

图 4.2　Elman 神经网络拓扑结构

Elman 神经网络参数的选择主要根据具体的问题确定。在工程车辆液压系统故障诊断中，输入层的神经元与测量参数对应，输出层神经元个数与故障类型的个数一致。为了提高训练和诊断效率，一般对输入数据进行归一化处理，对每个输入变量单独归一化或者对相关的输入变量统一归一化，故障类型也会编号。隐层神经元个数并无精确要求，只是节点数过少会影响训练的精度，过多会使训练时间增长。

神经网络要求参与计算的样本数量、样本类型尽量完备，且具有典型性和高精度，这样才能保证神经网络的性能。样本又分为训练样本、测试样本和检验样本。一般情况下，要求样本数量要大于模型的连接权值数，测试样本和检验样本数量要占全部样本数量的 10% 以上。Elman 网络承接层可以看作延迟算子，隐层一般使用 Sigmoid 函数，输出层使用线性 Purelin 函数，如表 4.1 所示。网络训练时的初始权值是随机选取的，对于网络停止训练的判断条件一般有两种情况，一是训练误差达到预设的要求，一是达到了最大迭代次数。

表 4.1　Elman 神经网络传递函数

Sigmoid 函数		Purelin 函数	
表达式	函数图形	函数表达式	函数图形
$y = \dfrac{1}{1 + e^{-x}}$	Sigmoid函数图形	$y = a \times x + b$	Purelin 函数图形

4.1.3　微粒群算法

微粒群（Particle Swarm Optimization，PSO）算法又称粒子群优化算法，基本思想是模拟鸟群随机搜寻食物的捕食行为，鸟群通过自身经验和种群之间的交流调整自己的搜寻路径，从而找到食物最多的地点。在鸟类捕食时，假如搜索空间内有一块食物，所有的鸟要找到食物的最优策略是搜寻当前离食物距离最近的鸟的区域。PSO 算法就是对这种捕食行为的模拟，其中的"鸟"称之为"粒子"。一般通过利用种群中各粒子之间的信息共享与个体协作来求得需要优化问题的最优解。

PSO 算法中每个粒子都代表着需要求解的优化问题的一个潜在的最优解，每个粒子都有一个被目标优化函数所决定的适应度值。每个粒子也均有各自的速度，粒子的速度决定了该粒子移动的方向和距离，速度随自身以及其他粒子的移动经验朝着自身局部最优和种群全局最优的方向进行动态调整。其原理是首先在可解空间中随机初始化一群没有质量和体积的粒子。每个粒子均由位置和速度向量组成。粒子的位置向量代表着待优化问题中的一个潜在最优解，粒子的速度向量代表着粒子当前的飞行方向和大小。粒子的性能由位置、速度和粒子的适应度值（Fitness Value）三项指标决定。适应度值根据实际需要优化的目标函数计算得到，该目标函数也称为适应度值函数。种群各粒子在解空间中运动，并以一定的速度飞行进行搜索，该速度由个体自身的和群体的飞行经验共同决定。在迭代过程中，粒子通过跟踪个体极值 pbest 和群体极值 gbest 对自身的位置和速度进行更新。个体极值 pbest 是指粒子自身所经历的历史最好位置，即适应度最小的位置；群体极值 gbest 是指种群中所有的粒子搜索到的历史全局最好位置，即适应度最小位置。粒子每迭代一次，就根据自己的经验和群体经验调整一次位置和速度，并且通过比较当前粒子的适应度值和个体极值、群体极值的适应度值来更新个体极值和群体极值的位置，通过不断地迭代和粒子在可解空间中对最优粒子的跟踪来进行搜索，最终找到适应度最好的粒子，该粒子即为所要优化问题的最优解。

假设在一个 D 维的搜索空间中，由 m 个粒子组成的种群以一定的速度飞行，其中，第 i 个粒子的位置表示为 $\boldsymbol{X}_i = (x_{i1}, x_{i2}, \cdots, x_{in})$，它是一个 D 维的向量，代表着粒子 i 在 D 维搜索空间中的当前位置，也代表着待优化问题的一个潜在优化解。第 i 个粒子的速度为 $\boldsymbol{V}_i = (v_{i1}, v_{i2}, \cdots, v_{in})$，根据目标适应度函数即可计算出每个粒子位置对应的适应度值。其个体极值为 $\boldsymbol{P}_i = (p_{i1}, p_{i2}, \cdots, p_{in})$，群体的全局极值为 $\boldsymbol{P}_g(t) = (p_{g1}, p_{g2}, \cdots, p_{gn})$，即群体中所有粒子中适应度最小的位置。在每一次迭代过程中，粒子按下面两个表达式通过个体极值和全局极值来更新自身的速度和位置：

$$v_{ij}(t+1) = wv_{ij}(t) + c_1 r_1 [p_{ij}(t) - x_{ij}(t)] + c_2 r_2 [p_{gj}(t) - x_{ij}(t)] \qquad (4-7)$$

$$x_{ij}(t+1) = x_{ij}(t) + v_{ij}(t+1) \qquad (4-8)$$

式中，"i"表示第 i 个粒子；"j"表示第 i 个粒子的第 j 维；w 为惯性权重；c_1、c_2 为加速度常数，即学习因子；r_1、r_2 为分布于 $[0,1]$ 之间的随机数。

PSO 算法的一个重要思想是群体与个体之间的经验分享，在平衡群体信息和个体信息时,可以提高算法性能和收敛速度。从速度更新方程式(4-7)中可以看出,速度的更新分为三个部分。

第一部分 $v_{ij}(t)$ 是初始速度,在标准的 PSO 算法中速度用 $[v_{min}, v_{max}]$ 限定一个范围,在以后的一些改进算法中加入了各种变形的惯性因子,调节算法的全局与局部搜索能力,可提高收敛速度。

第二部分 $c_1 r_1 [p_{ij}(t) - x_{ij}(t)]$ 是认知部分,这部分与粒子本身有关,记录的是粒子自身的运动对后续速度的影响。

第三部分 $c_2 r_2 [p_{gj}(t) - x_{ij}(t)]$ 是社会部分,表示群体中其他粒子的运动对该粒子的影响。如果只有自身粒子的更新,算法就是很多粒子各自运行,找到最优解的工作量增大,性能变差。同样如果只根据群体的情况调节自己的运动,那么就有可能陷入局部最优。因此只有合理地运用粒子自身经验和群体经验才能又快又准确地找到最优解。

影响 PSO 算法的主要参数有种群规模、惯性权重、学习因子、粒子的速度和位置的限制。相关研究表明,种群规模,也就是微粒的个数一般取值为 20~40 即能解决大多数问题,学习因子的取值根据优化问题的不同设定的值也不同,但是通常取值在 0.5~2.5 之间,变异操作的概率取值不宜过大,一般取 0.1 以下。同时考虑粒子种群规模,为了把粒子锁定在搜索空间中,粒子速度和位置也用最值限制。

PSO 算法寻优步骤如下:

(1) 对粒子的初始位置 x_i 和速度 v_i 进行初始化(这两个参数通常都是随机产生的),并计算个体极值。

(2) 计算每一个粒子的适应度函数(Fitness Function),若粒子当前位置的适应度值优于粒子的个体极值 pbest,则将粒子的个体极值 pbest 更新为当前位置;若所有粒子中当前的个体极值的最好位置优于种群的 gbest,则将种群的全局极值 gbest 更新为当前位置,并记录下粒子的序号。

(3) 根据式(4-7)和式(4-8)对每个粒子进行速度和位置的更新。

(4) 检验种群中各粒子在更新过程中是否满足算法的终止条件,终止条件一般设定为是否达到最大迭代次数或是目标误差精度。若符合终止条件,则停止训练,寻优结束并输出最优解,否则返回(2)。

PSO 算法流程图如图 4.3 所示。

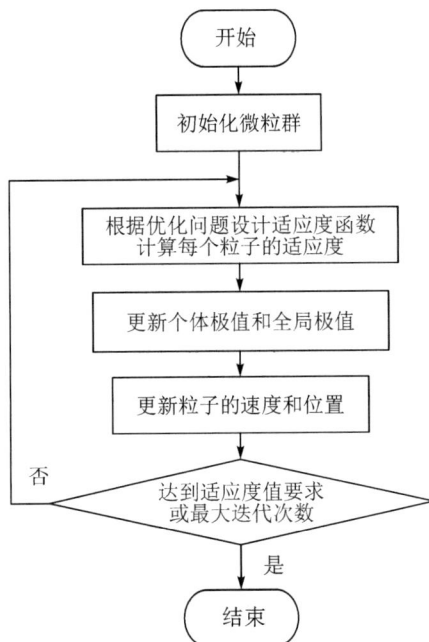

图 4.3　PSO 算法流程图

4.2　基于 PSO 算法优化的 Elman 神经网络故障诊断技术

　　液压控制系统是一个典型的高度非线性系统，系统内各回路相互关联，使其故障机理复杂多样；系统内部元件在密封的油路中工作，各故障参数很难测量，故障信息提取困难，使得液压系统故障诊断非常之困难。因此，液压控制系统的故障诊断是一个典型的不确定、不完整信息系统，在故障诊断时，常出现故障错判、漏判。针对液压系统液压控制子系统的故障特征，提出了一种基于 Elman 的液压系统控制子系统人工智能故障诊断方法。该方法主要应用于控制子系统中容易出现故障的压力控制阀，即溢流阀的故障诊断及液压缸的故障诊断。

　　PSO 作为一种全局优化算法，在优化过程中有时会表现出早熟现象，即过早收敛。本章提出了一种改进的 PSO 算法，对标准 PSO 优化算法的惯性权重和学习因子进行改进，以提高算法精度和收敛速度，并将改进的 PSO 算法应用在优化 Elman 神经网络权值和阈值矩阵中,使得网络在训练时间、收敛率和诊断精度方面得到了提高。

4.2.1　改进的 PSO 算法

PSO 算法收敛快,具有很强的通用性,但是它在优化过程中同时存在着容易早熟以及搜索精度低等缺点。标准的 PSO 算法由于缺乏动态的速度调节,以至于有时粒子在达到一定的精度后,很难再搜索到更优的解。在此基础上,国内外很多学者对标准的PSO 算法进行了相应的改进,其中 Shi Y. 最先将惯性权重 w 引入到 PSO 算法中,并提出了将惯性权重设置成一个递减函数,其值由 0.9 线性递减到 0.4,使得 PSO 算法在迭代初期较大的惯性权重保持了其有较强的全局收敛能力,而在迭代后期较小的惯性权重有利于算法对局部进行精细搜索。

受到这一思想的启发,通过对惯性权重的修正采用函数 $\sin(x)/x$ 进行改进,使 w在初期能够较快地找到全局最优区域,后期在这一区域精细搜索,w 会以小幅度的振荡形式避免陷入局部极小值。同时,对学习因子也进行动态调整,使算法在迭代初期,种群中的各个粒子能够更多地依靠自身的经验在全局范围内搜索最优解,而在迭代后期,粒子通过群体中各粒子间的信息分享有能力达到新的搜索空间,寻找新的最优解。此外在算法实现过程中,以小概率变异的方式使部分粒子重新初始化,通过这种方法对 PSO 进行改进可以平衡算法的全局搜索和局部搜索能力,避免陷入局部极小值,同时,粒子最优解的收敛率也有所提高。图 4.4(a) 和图 4.4(b) 分别为惯性因子和学习因子的函数图形。

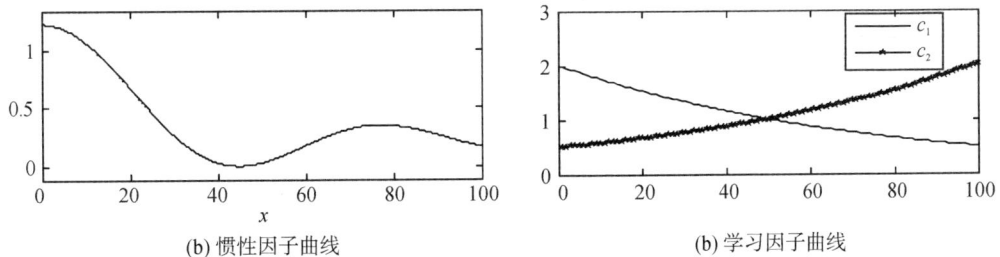

(b) 惯性因子曲线　　　　　　　　　　(b) 学习因子曲线

图 4.4　惯性因子和学习因子函数曲线

改进后的速度更新方程为

$$v_{ij}(t+1) = \omega(t)v_{ij}(t) + c_1(t)r_1\big[p_{ij}(t) - x_{ij}(t)\big] + c_2(t)r_2\big[p_{gj}(t) - x_{ij}(t)\big]$$

$$(4-9)$$

$$w(t) = \begin{cases} 0.22, & t=0 \\ \dfrac{\sin\left(\dfrac{10}{\mathrm{max}DT} \cdot t\right)}{\dfrac{10}{\mathrm{max}DT} \cdot t}, & t>0 \end{cases} \qquad (4-10)$$

$$c_1(t) = \exp\left\{\left[\frac{c_{\max} - c_{\min}}{\mathrm{max}DT}\right]t - c_{\max}\right\} \qquad (4-11)$$

$$c_2(t) = \exp\left\{\left[c_{\max} - \frac{c_{\max} - c_{\min}}{\mathrm{max}DT}\right]t\right\} \qquad (4-12)$$

为了验证改进 PSO 算法的有效性，选取 Ackley 函数和 Rosenbrock 函数进行测试。
Ackley 函数：

$$y = -20\exp\left[-0.2\sqrt{\frac{1}{2}(x_1^2 + x_2^2)}\right] - \exp\left[\frac{1}{2}\cos(2\pi x_1) + \frac{1}{2}\cos(2\pi x_2)\right] + 20 + e$$

Rosenbrock 函数：

$$y = \sum_{i=1}^{m}\big[100(x_{i+1} - x_i^2)^2 + (x_i - 1)^2\big]$$

根据测试函数设置的标准 PSO 和改进的 PSO 算法的基本参数如表 4.2 所示，包括种群规模、最大迭代次数、学习因子、粒子速度和位置的范围、变异概率。

表 4.2　PSO 算法的基本参数设置表

参数名称	种群规模	最大迭代次数	学习因子 c_1, c_2	速度限制	位置限制	变异概率
标准 PSO	20	200	2，2	[−1 1]	[−5 5]	—
改进的 PSO	20	200	[−0.7 0.7]	[−1 1]	[−5 5]	0.05

对标准 PSO 算法和改进的 PSO 算法进行 50 次实验，统计优化结果的最小值 $f_{\min}$、最大值 $f_{\max}$、均值 f_{mean}、最小运行时间 $t_{\min}$、最大运行时间 $t_{\max}$、运行时间的均值 f_{mean}，如表 4.3 所示。最终得到两种算法的适应度函数曲线图，如图 4.5 和图 4.6 所示。

表4.3　算法仿真结果

测试函数	算法	f_{min}	f_{max}	f_{mean}	t_{min}	t_{max}	t_{mean}	收敛率
Ackley	标准 PSO	0	0.0018	0	0.170	0.188	0.173	95％
	改进 PSO	0	0.0001	0	0.156	0.188	0.172	99％
Rosenbrock	标准 PSO	0	0.0108	0	0.188	0.210	0.204	95％
	改进 PSO	0	0.0029	0	0.185	0.203	0.188	99％

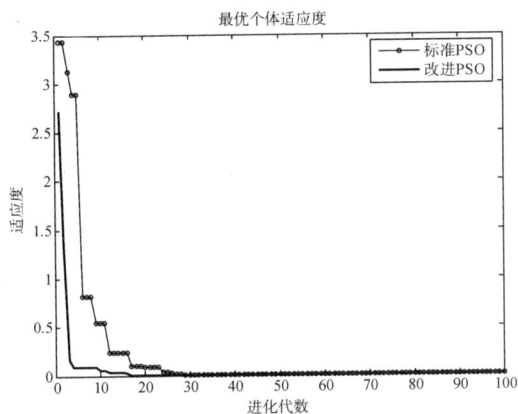

图 4.5　Ackley 函数的算法仿真结果

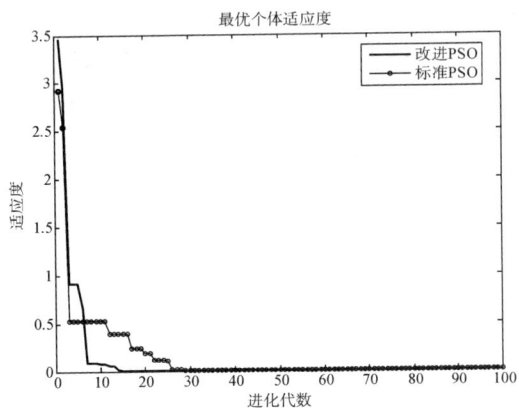

图 4.6　Rosenbrock 函数的算法仿真结果

　　仿真结果表明，标准的 PSO 算法和改进的 PSO 算法都能寻找到测试函数的最值，但是改进的 PSO 算法寻找的极值的最大值较小，对于 Ackley 函数来说有很多局部极小值，标准的 PSO 寻找到的最优值最小为 0，正是函数的最小值，最大为 0.0018，陷入了局部极小值，但是与最小值 0 接近，其寻找到的最小值的坐标的数量级为 $1.0e-9$，也很接近 Ackley 函数最小值坐标 $[0,0]$。从表 4.3 中可以看出，改进的 PSO 算法寻找的最优值最大为 0.0001，更接近 0 值，极小值坐标与目标函数的最值坐标距离更小，说明改进的 PSO 算法的精度得到提高，两种算法的运行时间相差不多。同样对于 Rosenbrock 函数，改进的 PSO 算法的优势更加明显。从仿真结果中可以看出，改进的 PSO 算法比标准的 PSO 算法收敛得更快，能在更早的迭代次数中寻找到最值。

4.2.2　改进的 PSO-Elman 神经网络

Elman 神经网络的梯度下降学习方法进行网络的训练时容易陷入局部极小值，收敛率也较低，可以采用改进的 PSO 算法对 Elman 神经网络进行训练学习，优化 Elman 网络权值和阈值矩阵，训练后用于故障诊断。使用的适应度函数是神经网络的输出误差：

$$F = \frac{1}{T}\sum_{p=1}^{T}\sum_{k=1}^{O}(d_{kp}-y_{kp})^2 \qquad (4-13)$$

式中，T 为输入的样本个数，O 为输出层神经元个数，d_{kp} 为输出节点的期望输出值，y_{kp} 为输出节点的实际输出值。

利用改进的 PSO 训练 Elman 神经网络的具体训练步骤如下：

（1）根据训练样本确定 Elman 神经网络的结构，网络的输入层、隐层和输出层的神经元节点数。承接层与隐层神经元节点个数相同。

（2）根据网络的结构初始化微粒群，包括微粒群规模大小、粒子的活动范围、速度大小、粒子的维数（由各层网络权值和阈值的总数确定）、惯性权重 w、学习因子的范围、最大迭代次数 N、精度要求以及初始化粒子的速度和位置等。

（3）计算种群中每个粒子的适应值，按式（4-13）计算出神经网络的输出均方误差 F，判断是否满足精度要求，若满足则转入（7），否则继续下一步。

（4）比较粒子的适应度，确定每个当前粒子的个体极值和微粒群体当前的全局最优极值，pbest 为粒子的个体极值，gbest 为全局最优值。

（5）按式（4-10）、式（4-11）和式（4-12）调整当前各个粒子的惯性权重和学习因子,使它们在各自的设定范围内;根据式(4-7)和式(4-8)更新种群中每个粒子的速度和位置,并检查更新后的速度和位置是否超出了限定的范围,更新粒子变异概率,重新初始化。

(6) 判断粒子的更新次数是否超过最大迭代次数 N,若更新次数小于 N,则重复步骤(3),算法继续迭代,否则结束循环,转入下一步。

(7) 算法收敛,最后一次种群迭代过程中产生的粒子全局最优值 gbest 即为优化好的网络权值和阈值,根据 Elman 网络结构中的输入层、隐层和输出层的神经元节点个数,将 gbest 转化为各层的权值和阈值矩阵。

算法结束。

改进的 PSO-Elman 网络学习算法流程如图 4.7 所示。

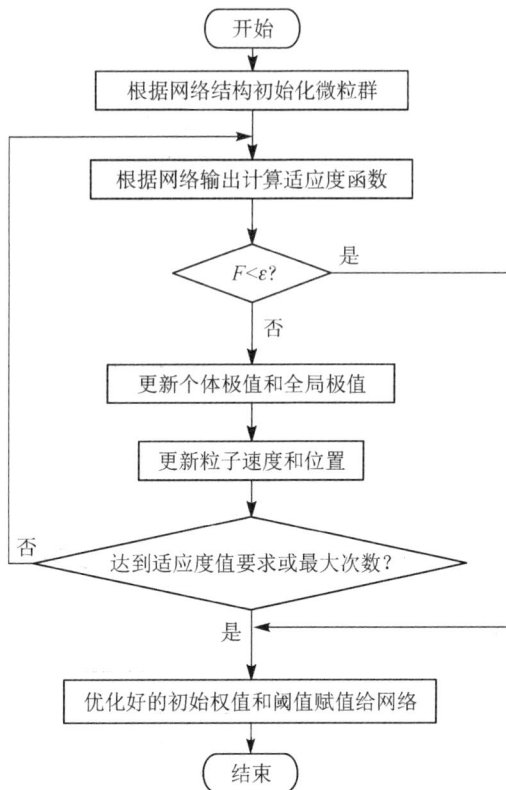

图 4.7　改进的 PSO-Elman 网络算法流程图

为了验证改进的 Elman 神经网络的性能，以液压系统溢流阀的三种故障类型和通过实验测得的压力、温度和流量三种故障参数进行仿真，将获取的实验数据作为神经网络的输入和输出数据。对于传感器获得的原始样本数据，各向量的数量级和测量指标差别很大，甚至互不相同，这会增加网络训练时间，甚至造成网络无法收敛。因此，需要对样本数据进行归一化处理后再建立网络，通常将各样本数据归一化到[0，1]范围，归一化不仅能减少计算量还能防止某些特征值被淹没。对每个 x_i 进行归一化，即取 x_i 等于测量值/上限值，根据经验和实测值，温度上限通常取 100℃，流量为 200 L/min，压力为 40 MPa。

按照以上定义，对数据整体归一化，确定网络结构为 3 - 3 - 3 型拓扑结构。样本为 30 组数据，目标误差为 0.0001，最大训练次数为 10 000 次。表 4.4 给出了各种故障类型对应的输出层神经元情况，表 4.5 列出了部分训练样本，表 4.6 是经过改进的 PSO 算法优化后的权值和阈值。

表 4.4　故障类型表

故障类型	溢出 1	溢出 2	溢出 3
溢流阀设高	0	0	1
溢流阀设低	0	1	0
溢流阀泄漏	1	0	0

表 4.5　训 练 样 本

故障类型	压力	温度	流量
溢流阀设高	0.8107	0.6061	0.4253
	0.8896	0.5853	0.5021
溢流阀设低	0.3912	0.6954	0.7858
	0.4017	0.5423	0.6879
溢流阀泄漏	0.0218	0.8587	0.8596
	0.0715	0.8294	0.9186

表 4.6　优化后的权值和阈值

net. iw{1,1}	0.0612，0.3758，0.1235，0.0771，0.4655，0.7525，0.3183，0.2607，0.4712
net. b{1}	0.1200，1.5939，0.4084
net. iw{2,1}	0.7482，1.5668，0.8444，0.2955，0.3084，0.0965，0.9699，0.3537，0.5827
net. b{2}	0.2922，1.5751，0.6470

图 4.8 和图 4.9 分别是改进的 PSO-Elman 网络和 Elman 网络的训练图。从图中可以看出两种网络都能达到训练误差目标，即都收敛，但是改进的 PSO-Elman 神经网络的收敛速度得到了提高，训练步数在 77 步就已经收敛，而 Elman 网络收敛步数在 480 步，说明 PSO-Elman 网络的收敛速度更快。通过多次实验改进的 PSO-Elman 网络的性能评价指标 MSE 能够达到 $8.31978e-5$，Elman 网络的 MSE 为 $8.48462e-5$。

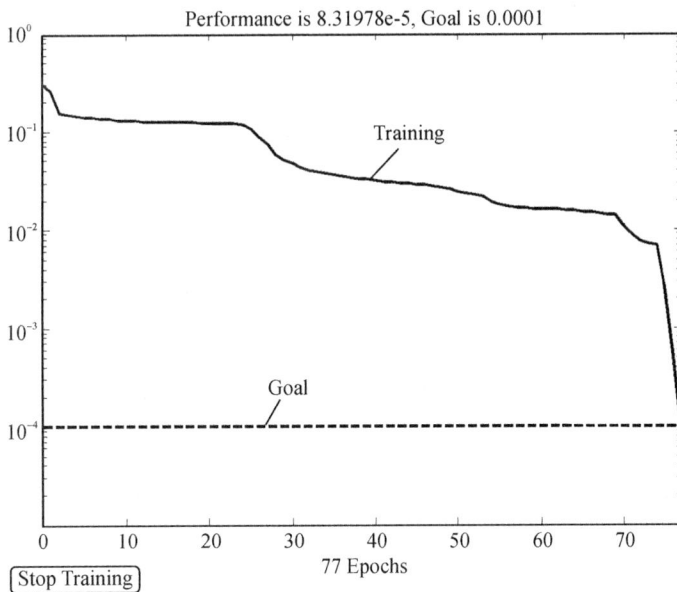

图 4.8　改进的 PSO-Elman 网络训练图

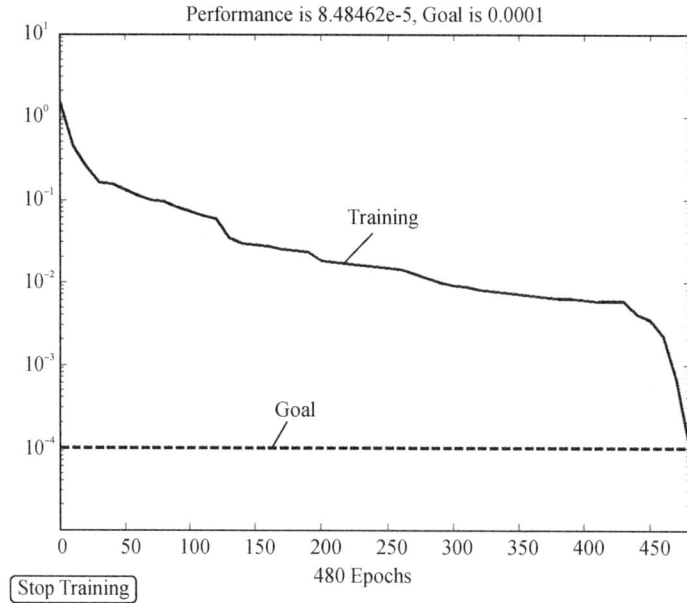

图 4.9　Elman 网络训练图

4.3　工程车辆液压系统溢流阀故障诊断实例

　　工程车辆液压系统溢流阀是压力控制阀，主要作用是定压溢流、系统卸荷及安全保护。当系统正常工作时，阀门处于关闭状态，负载超过规定的极限会开启溢流，使系统压力不再增加。在液压系统中，要求溢流阀调压范围大、压力摆动小、调压偏差小、动作灵敏、噪声小。溢流阀常见的故障表现为压力不正常，噪声严重和漏油。

　　通常当工程车辆正常工作时系统的各个参数都在正常范围内变化，一旦发生故障，就会导致参数出现异常，因此可以通过监测参数的变化来判定发生了哪些故障。常用的参数有压力、温度、流量，例如油温在 30～50℃ 之间是正常的，当油温超过 50℃ 时就可能会产生明显振动。表 4.7 是油温、压力和流量信号的区间划分。一般从单一的参数变化不能准确地确定故障类型。表 4.8 列出了几个典型故障与参数之间的关系。

表 4.7 参 数 区 间 表

油温 /℃	正常	偏高	较高
	30～50	50～80	80～100
流量 /(L/min)	很小	正常	很大
	≤120	120～180	≥180
压力 /MPa	较低	正常	偏高
	<8.7	8.7～13	>13

表 4.8 故 障 类 型 表

故障类型	压力	油温	流量
溢流阀设高	较高	偏高	正常
溢流阀设低	较低	偏高	较大
溢流阀泄漏	较低	较高	很大

由 4.2 节仿真实验可知，经改进 PSO 优化的 Elman 网络在收敛速度和收敛率上较 Elman 网络得到了提高。根据之前选择的故障类型及参数特征以及训练好的网络对液压系统溢流阀故障进行诊断分析，取历史故障样本数据进行归一化处理，作为测试输入矩阵，取溢流阀故障中的三种故障类型故障各三组，得到输入特征矩阵，部分测试样本如表 4.9 所示，对应的输出如表 4.10 所示。

表 4.9 测 试 样 本

故障类型	压力	温度	流量
溢流阀设高	0.7518	0.6257	0.3920
溢流阀设低	0.3569	0.6310	0.6812
溢流阀泄漏	0.0599	0.9175	0.8992

表 4.10　测试样本输出

期望输出	0 0 1	0 0 1	0 0 1	0 1 0	0 1 0	0 1 0	1 0 0	1 0 0	1 0 0
改进 PSO-Elman 网络	0.0001	0.0000	0.0000	0.0000	0.0000	0.0000	0.9999	0.9998	0.9998
	0.0000	0.1456	0.0000	0.9999	1.0000	0.9998	0.0000	0.0000	0.0000
	0.9999	0.8544	1.0000	0.0189	0.0103	0.0003	0.0001	0.0002	0.0052
Elman 网络	0.0073	0.0188	0.0709	0.0023	0.0037	0.0069	0.9806	1.0929	1.0005
	0.2085	0.2801	0.1746	0.9143	0.9485	0.8112	0.1053	1.1604	0.0006
	1.0007	0.8578	1.0004	0.0025	0.0003	0.0037	0.0021	0.0006	0.0028

从表 4.10 可以看出，只有第二组数据的误差较大，但是仍能够判断出为 0 0 1 所代表的故障类型，而未经过改进的 Elman 网络在第 8 组数据时发生了误判，在 10 次训练中，只有 7 次收敛。图 4.10 是取每组训练样本输出与期望输出中最大向量（该向量是判断故障类型的主要向量）的误差所作的误差曲线图。可以明显看出，改进后的算法的误差较小，因此可以说改进的 PSO-Elman 算法在性能上得到了提高。

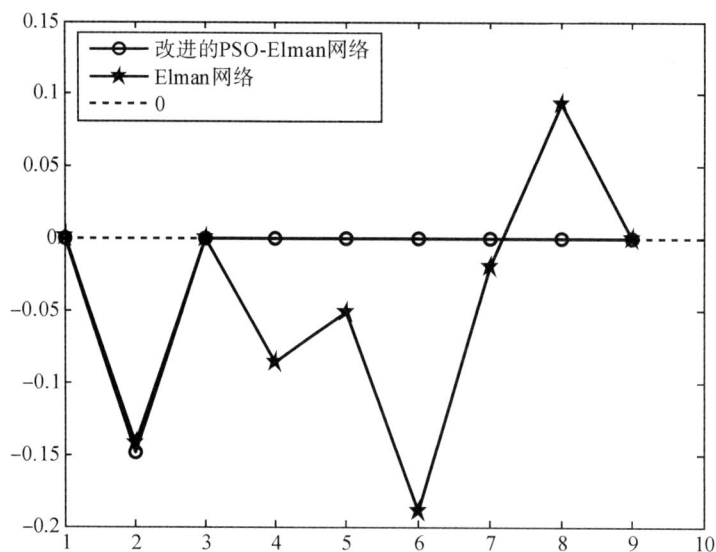

图 4.10　测试样本误差

通过上述实验表明：

（1）用改进的 PSO-Elman 网络模型能够准确诊断出溢流阀故障类型，对于 9 组测试样本，都能够得出正确的诊断结果。

（2）就改进的 PSO-Elman 网络本身而言，在收敛率和收敛速度方面有了提高。因此在溢流阀发生新故障时，可以根据新增样本快速地重新训练网络，拓展了网络的应用空间。

第5章　基于 D-S 证据理论的工程车辆液压系统智能故障诊断技术

在工程车辆液压系统故障诊断中，单一传感器获得的信息往往是不全面的、模糊的，有时甚至与事实相悖，故障模式与征兆之间往往有着复杂的关系，多种不同的模式可能产生相同的征兆，同样的征兆可能是由多种故障模式产生的，相反，同一故障模式可能引起多个故障征兆，影响系统故障诊断的准确性和可靠性。近年来，随着故障诊断技术的发展，证据理论也开始应用于工程车辆故障诊断领域，普遍应用在数据融合和不确定推理范畴，是多传感器信息融合技术中处理不确定性推理的一种很有效的方法，使一些"无知"及"不确定性"等重要概念得到了很好的表示，尤其是在不需要大量先验知识的情况下就可以对问题作出一定的判断，比较适合在决策级数据融合处理，从而准确判断出故障所在。

5.1　D-S 证据理论概述

证据理论又称为 Dempster-Shafer 证据理论（D-S 证据理论），是贝叶斯理论的推广，可以看做根据证据做出决策的理论，主要处理由"不知道"所引起的不确定性问题。一个证据会在对应问题的决策解集合上产生一个基本信任分配（信任函数），该信任分配就是要决策的结果，多个证据产生多个基本信任分配，再求出多个信任分配的正交和，即证据合成，最终得到一个决策结果。现已广泛应用于目标识别、智能控制和故障诊断等众多领域。

5.1.1　D-S 证据理论的基本定义

在 D-S 证据理论中，识别框架是指互不相容的各基本命题组成的完备集合，识别框架中的各个命题是某些问题所有的可能答案，但只有一个答案是最正确的。

定义 1　辨识框架：设有一个判决问题 X，其所有的可能结果用一个集合 Θ 表示，且只有一个结果是正确的。Θ 称为辨识框架，且为非空集合，它由一系列基本命题组成，各命题相互穷举且排斥，记为 $\{X_1, X_2, \cdots, X_n\}$。$\Theta$ 中所有子集构成的集合为 2^Θ。

定义 2　基本概率分配（Basic Probability Assignment，BPA）：在辨识框架 Θ 内，若映射 $m:2^\Theta \to [0,1]$（2^Θ 是 Θ 的幂集）满足：

（1）$m(\varnothing) = 0$

（2）$\displaystyle\sum_{A \subset \Theta} m(A) = 1$

就称 m 为 Θ 上的基本概率分配函数，$m(A)$ 称为 A 的基本置信度，为直接支持 A 的程度，也即概率论中事件 A 的出现概率。

定义 3　信任函数（Belief Function，简称为 Bel）：Bel(A) 代表决策者对 A 命题的总体信任程度，设 Θ 为辨识框架，对于任意的 $A \subset \Theta$，有函数 Bel$:2^\Theta \to [0,1]$，且：

$$\text{Bel}(A) = \sum_{B \subset A} m(B) \quad (\forall A \subset \Theta) \tag{5-1}$$

则称该函数是 Θ 上的信任函数，Bel(A) 表示对命题 A 信任程度的估计下限，又被称为悲观估计。Bel(A) 表示明确支持命题 A 的最小信度。由定义可知：

$$\text{Bel}(\varnothing) = 0, \quad \text{Bel}(\Theta) = 1 \tag{5-2}$$

定义 4　焦元（Focal Element）：A 为辨识框架 Θ 的任一个子集，如果它满足 $m(A) > 0$，那么就称其为 Bel 的焦元，而所有焦元的并称之为信任函数的核（Core）。

定义 5　似真度函数（Plausibility Function，简记为 Pl）：给定一个辨识框架 Θ，定义函数 Pl$:2^\Theta \to [0,1]$，若 Pl 满足下式：

$$\text{Pl}(A) = 1 - \text{Bel}(\bar{A}) = \sum_{A \cap B \neq \varnothing} m(B) \quad (\forall A \subset \Theta) \tag{5-3}$$

则称 Pl(A) 为 Θ 上的似真度函数，Pl(A) 为 A 的似真度，表示不否定 A 的信任度，即 A 发生的最大可能性。Pl(A) 表示对命题 A 信任程度的估计上限，这种估计是乐观的。

定义 6　信任区间：对位于辨识框架 Θ 中的某个命题 A，依据 BPA 将其似然函数 Pl(A) 和信任函数 Bel(A) 构成信任区间 $[\text{Bel}(A), \text{Pl}(A)]$，表明对该命题的信任程度。在实际合成中，应尽量减小信任区间的范围。A 的实际信任值应该在信任区间中的一点，每个元素的最终信度值应如下：

$$Bel(A) \leqslant Final(A) \leqslant Pl(A) \tag{5-4}$$

D-S 证据理论对 A 的不确定性的描述如图 5.1 所示。

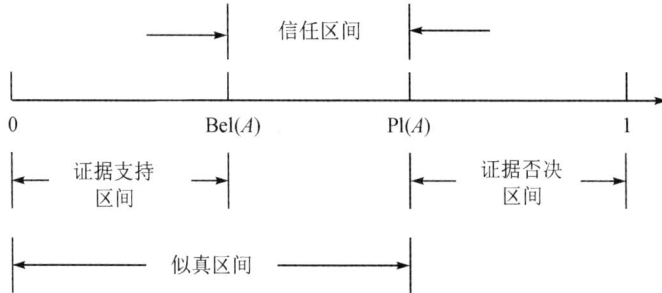

图 5.1　证据不确定性区间

5.1.2　D-S 证据理论的组合规则

证据合成(Evidential Reasoning,ER)算法是众多发展 D-S 证据理论的技术之一,在置信评价框架和 D-S 证据理论的基础上发展了 D-S 组合规则。对证据的合成就是随着证据的不断累积,逐步对其融合的过程,而证据组合规则就是根据特定规则,在多个证据不断积累和作用下,计算出命题成立的综合信任度。D-S 证据理论的基本组合规则是把各个证据组成的集合划成若干个无关的单元,然后利用组合规则将每单元独自判断的结果组合起来。

1. 二元信任函数组合规则

设辨识框架 Θ 上的信任函数 Bel_1 和 Bel_2 的 BPA 分别为 m_1 和 m_2,且各自的焦元分别为 $A_1, A_2, \cdots, A_k$ 和 $B_1, B_2, \cdots, B_r$,则 D-S 组合公式为

$$m(C) = \begin{cases} \dfrac{\displaystyle\sum_{\substack{i,j \\ A_i \cap B_j = C}} m_1(A_i) m_2(B_j)}{1-K}, & \forall C \subset \Theta, C \neq \varnothing \\ 0, & C = \varnothing \end{cases} \tag{5-5}$$

$$K = \sum_{\substack{i,j \\ A_i \cap B_j = \varnothing}} m_1(A_i) m_2(B_j) < 1$$

其中,$C \in 2^\Theta$,$A_i \in 2^\Theta$,$B_j \in 2^\Theta$;K 称为证据的冲突概率,反映了各证据间的冲突大小程度,其值越小说明证据之间的冲突越小。通过归一化因子 $1/(1-K)$ 将局部冲突分配

给了全局的证据体。

由式(5-5)可知,当 $K<1$ 时,$m(C)$ 能确定一个基本的概率赋值;当 $K=1$ 时,分母为 0,证据完全冲突,无法对基本概率赋值组合,组合规则失效;当 $K \to 1$ 时,分母趋向于 0,证据之间高度冲突,结果往往与实际情况不一致,甚至会与直觉相悖。

2. 多元信任函数组合规则

将两两组合规则推广到多元证据组合时,可以将信任函数 $\text{Bel}_1,\text{Bel}_2,\cdots,\text{Bel}_n$ 两两一次组合计算,也可以用多个信任函数的直和表示:

$$m(C) = K \sum_{\substack{A_1,\cdots,A_n \subset \Theta \\ A_1 \cap \cdots \cap A_n = C}} m_1(A_1) \cdots m_n(A_n) \qquad (\forall A \subset \Theta, A \neq \varnothing) \qquad (5-6)$$

$$K = \Big[\sum_{\substack{A_1,\cdots,A_n \subset \Theta \\ A_1 \cap \cdots \cap A_n \neq \varnothing}} m_1(A_1) \cdots m_n(A_n) \Big]^{-1}$$

其中,K 是多个证据合成时的冲突概率。同理,证据高度冲突时,该组合规则也不能有效融合。

5.1.3　D-S 证据理论组合规则存在的问题

D-S 组合规则的优势毋庸置疑,但在实际融合时,各方面因素会使证据之间存在冲突,而当证据严重冲突时,组合规则便会失效,阻碍 D-S 证据理论的广泛应用,本节主要分析三类冲突证据的组合问题,即:一般冲突问题、一票否决问题和鲁棒性问题。

1. 一般冲突问题

当冲突概率 $k=1$ 时,证据之间完全冲突,合成规则不可用;当 $k \to 1$ 时,证据之间冲突很高,利用 D-S 组合规则融合的结果与实际不符。

例 1　两个证人(两个证据)给出的 3 个谋杀嫌疑人 $\Theta = \{A,B,C\}$ 的 BPA 分别为

$$E_1: m_1(A) = 0.99, \ m_1(B) = 0.01, \ m_1(C) = 0$$
$$E_2: m_2(A) = 0, \ m_2(B) = 0.01, \ m_2(C) = 0.99$$

可知,E_1 和 E_2 证据高度冲突,按 D-S 合成公式将这两个证据进行融合,结果为:$m(A) = m(C) = 0, m(B) = 1$,而 $K = 0.9999$,判断杀人犯是 B,显然这个结果与实际相反。证据 E_1 和 E_2 都肯定自己的判断,而各自又否定了一种类型,在两个证据中可信度都较低的命题 B 在合成后却有了最大的可信度。

2. 一票否决问题

在一个证据否决了某个焦元，与其他证据彻底不一致时，结果会对它一票否决。

例 2　在例 1 两个证据的基础上，再补充证据 $E_1 = E_3 = E_4 = \cdots = E_n$，即

$$E_1: m_1(A) = 0.99, m_1(B) = 0.01, m_1(C) = 0$$

$$E_2: m_2(A) = 0, m_2(B) = 0.01, m_2(C) = 0.99$$

$$E_1 = E_3 = E_4 = \cdots = E_n$$

证据 E_2 与其他证据完全不一致。

融合后，$K = 0.9999, m(A) = m(C) = 0, m(B) = 1$，结果还是未能改变，仍判定 B 是杀人犯。这是因为除了证据 E_2，其他的 $n - 1$ 个证据彻底否定了焦元 C，支持焦元 A，而证据 E_2 彻底否定了焦元 A，组合后只剩焦元 B 了，便分配给焦元 B 足够大的概率分配值。每个输入的证据都肯定自己的判断，导致"一票否决"现象的发生，融合结果不合理。

3. 鲁棒性问题

当对焦元的概率分配值进行轻微干扰时，组合结果会剧烈地改变。

例 3　在例 1 的基础上，使证据 E_1 发生微小变化，证据 E_2 不做变动，即

$$E_1: m_1(A) = 0.98, m_1(B) = 0.01, m_1(C) = 0.01$$

$$E_2: m_2(A) = 0, m_2(B) = 0.01, m_2(C) = 0.99$$

经 D-S 证据组合后的结果为：$K = 0.99, m(A) = 0, m(B) = 0.01, m(C) = 0.99$。

在对证据 E_1 做了微小的改动后，融合结果 $m(B) = 0.01$ 与例 1 的 $m(B) = 1$ 发生了剧烈的改变，判定杀人犯是 C，两个结果完全相反，可见 D-S 证据理论对焦元 BPA 微小变动的敏感性和不稳定性。

通过以上三种问题的分析可知，D-S 证据理论的组合规则没有问题，而是由于证据不考虑组合规则的乘性特性或是自身太过武断，导致结果不合理。

5.2　D-S 证据理论改进方案

D-S 证据理论在处理不确定性问题方面具有很强的优势，但是当证据高度冲突或

者完全冲突时，组合公式失效或者产生有悖于常理的结论。针对这一问题，国内外很多学者相继提出了不少改进方案，本节基于对数据源的修正，提出一种有效处理冲突证据的 D-S 理论改进算法，其思路是：在固定 D-S 组合规则的情况下，若证据间冲突较高，先预处理冲突的证据，再用 D-S 证据理论对处理后的证据进行合成。

5.2.1　一种有效处理冲突证据的 D-S 理论改进算法

在实际应用中，设备、自然环境或者人为等因素会使采集回来的相关信息之间存在部分冲突，而 D-S 组合规则对冲突较大的证据无法有效处理。在融合系统中，每个证据源都有不同的重要性，即可信度，同时，不可靠的证据源可能导致不合理的决策结果，故应合理处理冲突概率以得到合理结果。本节针对 D-S 理论处理冲突较高证据时的不足，修正相应证据，使融合结果更合理有效。考虑到各证据源在信息融合时的重要程度不同，对融合的贡献大小不同，因此引入 Jousselme 距离函数来确定表征证据重要程度的权重系数，在此基础上对 D-S 证据理论进行了改进。

首先，引入了 Jousselme 等人提出的距离函数来衡量各证据源在融合系统中的重要程度以及各个证据之间的支持程度，从而确定各证据的权重系数。若某个证据得到其他证据的支持越少，则此证据的可信度越低，对结果影响越小；反之，若某个证据得到其他证据的支持越多，则对结果影响越大。其次，又引入了平均证据的概念，其作用有两点：一是解决融合冲突证据时的"一票否决"及鲁棒性问题；二是充分利用有用冲突信息，防止丢掉可用信息。然后，用平均证据代替冲突证据，并继承冲突证据的权重系数，再对修正后的证据加权平均。最后，利用 D-S 组合公式进行证据融合。改进算法的流程图如图 5.2 所示。

在融合系统中，Θ 为包含 n 个互不相同命题的完备辨识框架，$\Theta = \{A_1, A_2, \cdots, A_n\}$，$P(\Theta)$ 为 Θ 内所有子集生成的集合，$E = \{E_1, E_2, \cdots, E_N\}$ 为证据集，N 为证据体个数，$m_1, m_2, \cdots, m_N$ 为各证据源所对应的概率分配函数 BPA，设 E_i 和 E_j 分别为 Θ 的两个证据源，各自命题的 BPA 为 $E_i = (m_i(A_1)\ m_i(A_2)\ \cdots\ m_i(A_n))$ 和 $E_j = (m_j(A_1)\ m_j(A_2)\ \cdots\ m_j(A_n))$。$m_i$ 和 m_j 是辨识框架上的两个 BPA，通过 Jousselme 距离函数度量两证据 m_i 和 m_j 之间的距离：

$$d(m_i, m_j) = \sqrt{\frac{1}{2}(m_i - m_j)^{\mathrm{T}} \boldsymbol{D}(m_i - m_j)} \tag{5-7}$$

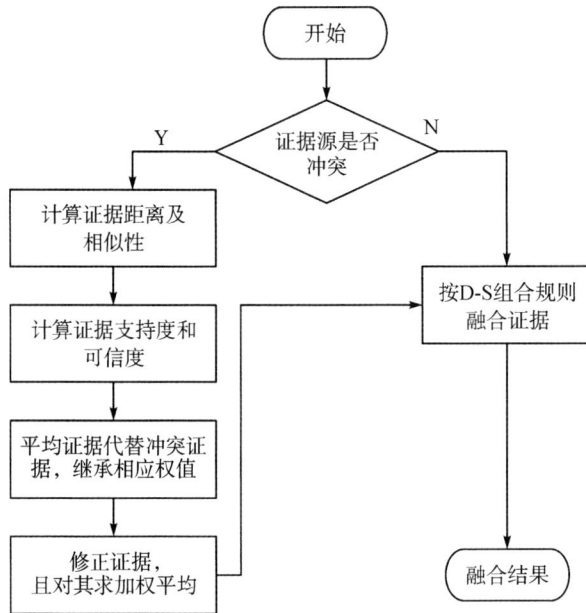

图 5.2　改进算法流程图

其中，$\boldsymbol{D}$ 是一个 $2^N \times 2^N$ 的矩阵。A，B 为焦元，其中的元素为

$$\boldsymbol{D}(A,B) = \frac{|A \bigcap B|}{|A \bigcup B|}, \quad A,B \in P(\Theta) \tag{5-8}$$

$d(m_i, m_j)$ 的具体计算公式为

$$d(m_i, m_j) = \sqrt{\frac{1}{2}(\parallel m_i \parallel^2 + \parallel m_j \parallel^2 - 2\langle m_i, m_j \rangle)} \tag{5-9}$$

式中，$\parallel m_i \parallel^2 = \langle m_i, m_i \rangle$，$\parallel m_j \parallel^2 = \langle m_j, m_j \rangle$，$\langle m_i, m_j \rangle$ 为两个向量的内积，可由下式计算：

$$\langle m_i, m_j \rangle = \sum_{p=1}^{2^N} \sum_{q=1}^{2^N} m_i(A_p)m_j(A_q) \left| \frac{A_p \bigcap A_q}{A_p \bigcup A_q} \right|, \quad A_p, A_q \in P(\Theta) \tag{5-10}$$

$d(m_i, m_j)$ 距离函数刻画了两证据间焦元和 BPA 函数的综合影响，反映了证据间的差异性。

设系统收集到 l 个证据，按照式(5-9)计算得到 m_i 和 m_j 的两两证据距离，构成距离矩阵 $\boldsymbol{D}_M$，由下式计算：

$$\boldsymbol{D}_M = \begin{bmatrix} 0 & d_{12} & \cdots & d_{1j} & \cdots & d_{1l} \\ \vdots & \vdots & & \vdots & & \vdots \\ d_{i1} & d_{i2} & \cdots & d_{ij} & \cdots & d_{il} \\ \vdots & \vdots & & \vdots & & \vdots \\ d_{l1} & d_{l2} & \cdots & d_{lj} & \cdots & 0 \end{bmatrix} \qquad (5-11)$$

两证据体之间的相似性测度由下式计算：

$$\mathrm{Sim}(m_i, m_j) = 1 - d(m_i, m_j) \quad (i, j = 1, 2, \cdots, l) \qquad (5-12)$$

相似性测度结果用一个相似性矩阵表示：

$$\boldsymbol{S}_M = \begin{bmatrix} 1 & S_{12} & \cdots & S_{1j} & \cdots & S_{1l} \\ \vdots & \vdots & & \vdots & & \vdots \\ S_{i1} & S_{i2} & \cdots & S_{ij} & \cdots & S_{il} \\ \vdots & \vdots & & \vdots & & \vdots \\ S_{l1} & S_{l2} & \cdots & S_{lj} & \cdots & 1 \end{bmatrix} \qquad (5-13)$$

易知，两证据之间的距离函数越大，其相似程度就越小，反之，相似性就越大。系统中证据体的支持度可按下式计算：

$$\mathrm{Sup}(m_i) = \sum_{\substack{j=1 \\ j \neq i}}^{l} \mathrm{Sim}(m_i, m_j) \quad (i, j = 1, 2, \cdots, l) \qquad (5-14)$$

得到一个证据的支持度后，将其归一化即可得到证据 m_i 的可信度：

$$\mathrm{Crd}(m_i) = \frac{\mathrm{Sup}(m_i)}{\displaystyle\sum_{j=1}^{l} \mathrm{Sup}(m_j)} \quad (i, j = 1, 2, \cdots, l) \qquad (5-15)$$

可信度 $\mathrm{Crd}(m_i)$ 各个值的总和为 1，证据 m_i 的权重可以用它来计算，所以各证据的权重系数即：$\boldsymbol{W} = (w_1, w_2, \cdots, w_l)$ 的总和也为 1。可知，支持度越低，可信度就越低，其相应权重系数越低，对融合结果贡献越小；反之，对组合融合结果贡献大。

改进算法具体步骤如下：

(1) 判断辨识框架中的证据源是否冲突，若否，直接按 D-S 组合公式融合各证据，若是，则执行步骤(2)；

(2) 根据式(5-9)计算证据 E_i 与证据集中其他证据的距离，得到距离矩阵 $\boldsymbol{D}_M$；

(3) 根据式(5-12)计算证据 E_i 与证据集中其他证据的相似性，得到相似性矩阵 $\boldsymbol{S}_M$；

(4) 分别根据式(5-14)和式(5-15)计算各证据的支持度和可信度，进而获得各证据的权重；

（5）计算证据集的平均证据（即对证据源中相应焦元的 BPA 进行算术平均），取代冲突证据，同时继承冲突证据的相应权值；

（6）加权平均修正后的证据，根据 D-S 合成公式组合证据，即可获得结果。

改进的 D-S 融合算法逻辑清晰，步骤明确，通过固定 D-S 组合规则，修正证据源来处理冲突证据，克服了 D-S 证据理论处理高冲突证据的不足，增强了融合结果的可靠性。

5.2.2　应用算例分析及比较

将 D-S 组合方法、Yager 方法、Murphy 方法、邓勇方法、袁小柯方法与改进方法分别对同一算例进行仿真，分析融合结果，验证改进算法的高效性。

假定在故障诊断系统中，辨识框架 $\Theta = \{O_1, O_2, O_3\}$，焦元 O_1, O_2, O_3 分别为 3 种故障，使用 5 种传感器（5 个证据体）检测设备，构成证据集 $E = \{E_1, E_2, E_3, E_4, E_5\}$。在 Θ 中，某一时刻各个证据（传感器）得到的各故障（焦元）的概率分配 BPA 如表 5.1 所示。

表 5.1　证据的基本概率分配

证　据	O_1	O_2	O_3
$E_1: m_1(\cdot)$	0.5	0.2	0.3
$E_2: m_2(\cdot)$	0	0.9	0.1
$E_3: m_3(\cdot)$	0.55	0.1	0.35
$E_4: m_4(\cdot)$	0.55	0.1	0.35
$E_5: m_5(\cdot)$	0.55	0.1	0.35

由表 5.1 可以看出，证据 2 与其他证据严重冲突，它很支持 O_2，认为故障 2 是最可能的故障，而其他证据都认为 O_1 是最可能的故障。通过计算得到证据 m_1、m_2 融合的冲突系数 $K_1 = 0.7900$；证据 m_1、m_2、m_3 融合的冲突系数 $K_2 = 0.9715$；证据 m_1、m_2、m_3、m_4 融合的冲突系数 $K_3 = 0.9945$；证据 m_1、m_2、m_3、m_4、m_5 融合的冲突系数 $K_4 = 0.9985$。可见证据间存在较高的冲突，利用改进算法进行融合。首先得到各次融合的各证据的权重系数如表 5.2 所示。

表 5.2　证据的权重系数

证　据	w_1	w_2	w_3	w_4	w_5
m_1,m_2	0.5	0.5	—	—	—
m_1,m_2,m_3	0.4079	0.2110	0.3812	—	—
m_1,m_2,m_3,m_4	0.2910	0.1265	0.2913	0.2913	—
m_1,m_2,m_3,m_4,m_5	0.2229	0.0892	0.2293	0.2293	0.2293

以 m_1、m_2、m_3 3 个证据融合为例,按照改进算法融合,首先得到证据间的距离分别为 $d_{12}=0.6245$,$d_{13}=0.0866$,$d_{23}=0.7089$;其次,在计算出可信度的基础上得到各证据的权值分别为 $w_1=0.4079$,$w_2=0.2110$,$w_3=0.3812$;接着,求得的平均证据的各焦元的 BPA 值为 $[0.35,0.4,0.25]$,将其代替冲突证据(证据 2),且继承其权重系数 0.2110,然后,再将各证据加权平均得 $[0.4874,0.2041,0.3085]$;最后,利用D-S组合规则融合后得到 $m(O_1)=0.7536$,$m(O_2)=0.0553$,$m(O_3)=0.1911$。

表 5.3 是分别利用上述各种融合方法以及改进算法融合 2 至 5 个证据的结果,而各方法在 3 个证据合成时的融合结果如图 5.3 所示,4 个证据合成时的融合结果如图 5.4 所示,5 个证据合成时的融合结果如图 5.5 所示;改进方法由 2 个到 5 个证据合成时的结果如图 5.6 所示。其中每个图的横坐标为焦元 O_1,O_2,O_3 和未知项 Θ,纵坐标为概率分配值。

表 5.3　融 合 结 果

融合方法	m_1,m_2	m_1,m_2,m_3	m_1,m_2,m_3,m_4	m_1,m_2,m_3,m_4,m_5
D-S组合方法	$m(O_1)=0$ $m(O_2)=0.8571$ $m(O_3)=0.1429$	$m(O_1)=0$ $m(O_2)=0.6316$ $m(O_3)=0.3684$	$m(O_1)=0$ $m(O_2)=0.3288$ $m(O_3)=0.6712$	$m(O_1)=0$ $m(O_2)=0.1228$ $m(O_3)=0.8772$
Yager 方法	$m(O_1)=0$ $m(O_2)=0.1800$ $m(O_3)=0.0300$ $m(\Theta)=0.7900$	$m(O_1)=0$ $m(O_2)=0.1080$ $m(O_3)=0.0105$ $m(\Theta)=0.9715$	$m(O_1)=0$ $m(O_2)=0.0018$ $m(O_3)=0.0037$ $m(\Theta)=0.9945$	$m(O_1)=0$ $m(O_2)=0.0002$ $m(O_3)=0.0013$ $m(\Theta)=0.9985$

融合方法	m_1, m_2	m_1, m_2, m_3	m_1, m_2, m_3, m_4	m_1, m_2, m_3, m_4, m_5
Murphy 方法	$m(O_1)=0.1543$ $m(O_2)=0.7469$ $m(O_3)=0.0988$	$m(O_1)=0.3500$ $m(O_2)=0.5524$ $m(O_3)=0.1276$	$m(O_1)=0.6027$ $m(O_2)=0.2627$ $m(O_3)=0.1346$	$m(O_1)=0.7958$ $m(O_2)=0.0932$ $m(O_3)=0.1110$
邓勇 方法	$m(O_1)=0.1543$ $m(O_2)=0.7469$ $m(O_3)=0.0988$	$m(O_1)=0.5816$ $m(O_2)=0.2439$ $m(O_3)=0.1745$	$m(O_1)=0.8060$ $m(O_2)=0.0482$ $m(O_3)=0.1458$	$m(O_1)=0.8909$ $m(O_2)=0.0086$ $m(O_3)=0.1005$
袁小柯 方法	$m(O_1)=0.1579$ $m(O_2)=0.7419$ $m(O_3)=0.1002$	$m(O_1)=0.5599$ $m(O_2)=0.2701$ $m(O_3)=0.1700$	$m(O_1)=0.8110$ $m(O_2)=0.0449$ $m(O_3)=0.1441$	$m(O_1)=0.8961$ $m(O_2)=0.0063$ $m(O_3)=0.0976$
改进 方法	$m(O_1)=0.4091$ $m(O_2)=0.4091$ $m(O_3)=0.1818$	$m(O_1)=0.7536$ $m(O_2)=0.0553$ $m(O_3)=0.1911$	$m(O_1)=0.8567$ $m(O_2)=0.0074$ $m(O_3)=0.1359$	$m(O_1)=0.9077$ $m(O_2)=0.0011$ $m(O_3)=0.0912$

由表 5.3 及图 5.3、图 5.4 和图 5.5 可知，经典 D-S 组合规则不能有效处理冲突证据，由于 $m(O_1)$ 一直为 0，证据 2 否定了 O_1，尽管证据中其他三组证据对 O_1 的支持度很大，系统融合的结果仍是 $m(O_1)$ 为 0，出现了"一票否决"的现象，与实际不符；Yager 合成规则的结果，$m(O_1)$ 也一直为 0，未知项 $m(\Theta)$ 还一直在增加，也出现了"一票否决"现象；Murphy 方法虽然能判断出故障 O_1，但是系统也要收集到 4 个证据时才能正确判断，且最终的识别概率不是很高；邓勇方法在系统收集到 3 个证据时就可以判别出故障 O_1，在收集到 4、5 个证据时以较高的概率识别出目标；袁小柯的方法在 3 个证据融合时就识别出故障，在 4、5 个证据组合时，判别概率均高于 Murphy 方法；本文的改进方法在收集到 2 个证据时，将故障目标平分到 O_1、O_2 上，而并非像其他方法锁定到 O_2，在收集到 3 个证据后，就以 $m(O_1)=0.7536$ 的高概率值识别出了目标 O_1，融合 4、5 个证据后，也均高效地判断出了故障目标，尤其是 5 个证据时，$m(O_1)$ 的值高达 0.9077，这虽然比袁小柯方法的 0.8961 高得不多，但也有了一定的突破，且计算过程简单。可见，本文的改进方法在识别目标、判断故障时的收敛能力和区分能力优于其他方法。

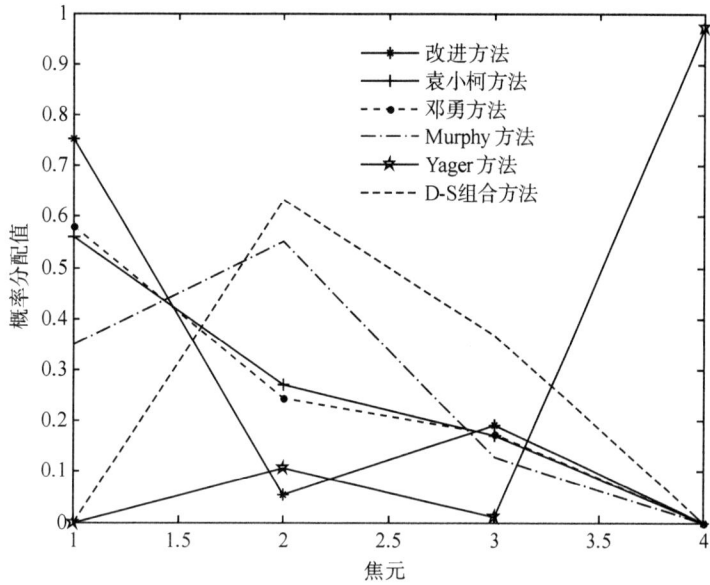

图 5.3　3 个证据融合时各方法的仿真结果

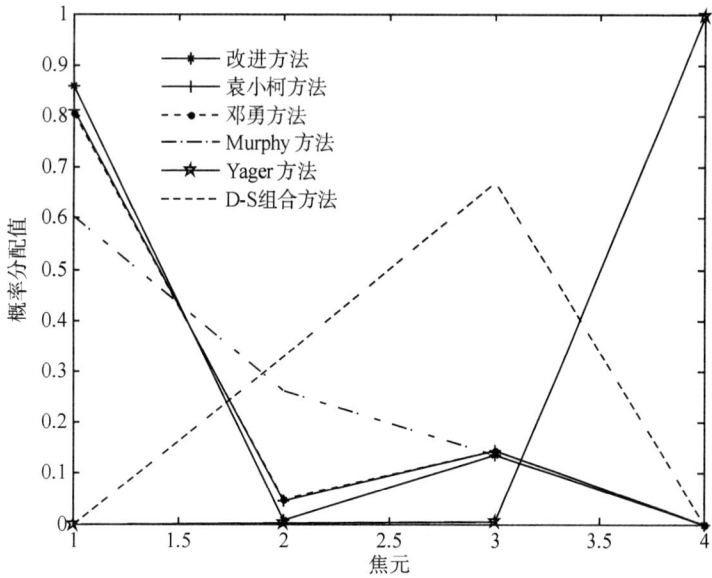

图 5.4　4 个证据融合时各方法的仿真结果

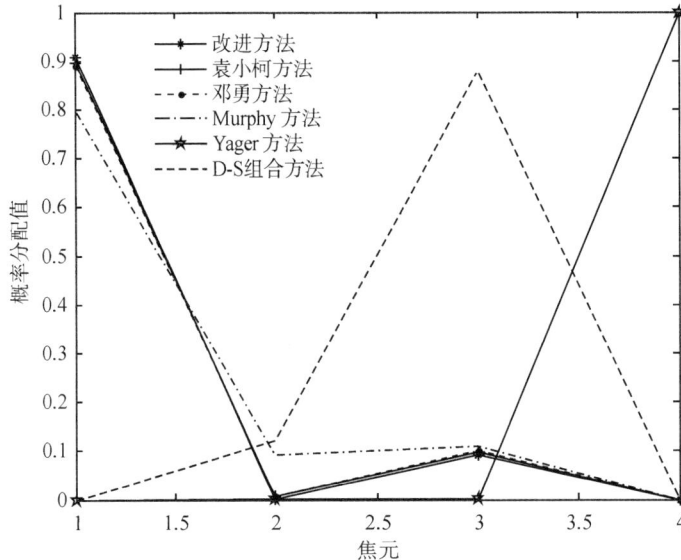

图 5.5　5 个证据融合时各方法的仿真结果

由图 5.3 可知，3 个证据融合时，D-S 组合规则、Yager 方法、Murphy 方法均未能正确判断出故障，改进算法对故障 O_1 的识别概率值高于邓勇方法以及袁小柯方法。

由图 5.4 可知，4 个证据融合时，D-S 组合规则和 Yager 方法不能判断故障 O_1，改进方法仍以较高的概率判断出故障 O_1，此时 Murphy 识别出了目标。

由图 5.5 可知，改进方法融合结果的各概率值与袁小柯方法和邓勇方法相差不大，但仍较高于它们。

三者对 O_1 的识别概率值均高于 Murphy 的结果，而 D-S 组合方法和 Yager 方法仍未能准确判断出故障来源。

由图 5.6 可以清晰地看出，本文的改进算法随着证据的不断增加，识别出目标的准确率逐渐提高，且整体收敛速度较快。

对比以上 5 个证据可知，证据 2 与其他证据冲突较大，对融合过程贡献较小，在系统中的权重也较小，对最后结果影响较小。对算例仿真分析后，验证了改进算法在融合冲突较高的证据时具有高效性与合理性。改进的 D-S 证据组合规则能够有效利用冲突证据，且在证据较少时就可以准确识别出目标，收敛性也较好，同时，大大减小了不利值对结果的干扰，从而增加了系统的抗干扰能力。工程车辆发生故障时，在融合系统利

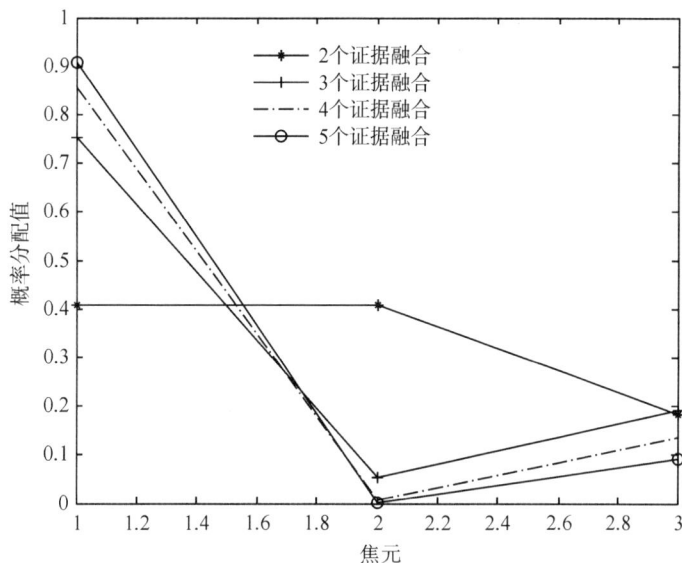

图 5.6　改进算法的 4 种融合结果

用改进的 D-S 算法能够以较少的证据准确判断出故障所在。

5.3　基于改进 D-S 证据理论算法的液压系统故障诊断实例

工程车辆液压系统的结构并不简单，而且很多组件工作在封闭的油路中，所以其故障成因很繁杂，所需的故障信息也不易测量。另外，工程车辆一般工作在恶劣的环境，导致有用的信息有可能在检测时被干扰甚至淹没，因此单一传感器采集的特征信息往往具有残缺性和模糊性，不能反映系统作业时完整、确定的信息，以致不易精确判断出故障模式。但若能综合多源故障信息，就能全面、准确地监测系统状态和诊断系统故障。本节以 YF32 - 630 型液压机中的压力补偿轴向柱塞泵 160YCY14 - 1B 为例，在文献《基于多传感器信息融合的液压系统故障诊断方法研究》对数据处理和局部诊断的基础上利用改进的 D-S 证据理论，在决策层实现了故障模式的高效判断。

首先，将液压泵视为要处理的信息融合系统；其次，设定故障参数为外泄口的温度信号和泵壳 X、Y、Z 方向的振动信号；最后，选择 7 种模式：正常状态、球头松动、配流盘磨损、松靴、缸体磨损、轴承磨损以及泄漏。文献《基于多传感器信息融合的液压系统故障诊断方法研究》对故障参数进行了预处理并将温度及三个方向振动信号分别进行了局部诊断，在此基础上，本节利用改进的 D-S 组合方法进一步融合温度数据和三个振动信号数据，以便得到精确的诊断结果。

文献《基于多传感器信息融合的液压系统故障诊断方法研究》对三个方向振动信号和温度信号的特征参数归一化后得到的故障模式为 $Y = \{f_0, f_1, f_2, f_3, f_4, f_5, f_6\}$，分别为正常状态、球头松动、配流盘磨损、松靴、缸体磨损、轴承磨损及泄漏。模式表如表 5.4 所示。

表 5.4　各故障模式表

正常状态及故障模式	f_1	f_2	f_3	f_4	f_5	f_6
正常状态	0	0	0	0	0	0
球头松动	1	0	0	0	0	0
配流盘磨损	0	1	0	0	0	0
松靴	0	0	1	0	0	0
缸体磨损	0	0	0	1	0	0
轴承磨损	0	0	0	0	1	0
泄漏	0	0	0	0	0	1

配流盘磨损故障时，将文献《基于多传感器信息融合的液压系统故障诊断方法研究》中每个子神经网络的归一化输出结果作为证据体(温度子网信号及 X、Y、Z 方向信号)的基本概率分配值，归一化后故障模式的 BPA 如表 5.5 所示。其中完备辨识框架 $U = \{O_1, O_2, O_3, O_4, O_5, O_6, O_7\}$，$O_7$ 为全集，辨识框架中的焦元对应表 5.4 中的 7 种故障模式。

表 5.5　故障 2 的 4 个证据的 BPA 值

证据体	$m(O_1)$	$m(O_2)$	$m(O_3)$	$m(O_4)$	$m(O_5)$	$m(O_6)$	$m(O_7)$
温度子网	0.0104	0.9541	0.0023	0.0021	0.0013	0.0051	0.0246
X 方向子网	0.0290	0.8477	0.0479	0.0115	0.0192	0.0303	0.0144
Y 方向子网	0.0487	0.4835	0.0172	0.3417	0.0037	0.0195	0.0856
Z 方向子网	0.0724	0.8264	0.0402	0.0174	0.0260	0.0028	0.0148

从表 5.5 看出，Y 方向的子网诊断结果模糊性较大，可信度不高，在系统中做的贡

献应较小,故权重系数较小。按改进的 D-S 证据理论组合方法,对表 5.5 中的各证据体进行融合,首先,得到各证据体的权值分别为:[0.2704, 0.2032, 0.2697, 0.2567],易知,Y 方向的证据获得比其他证据较低的权重系数;其次,平均证据的各焦元的 BPA 值为 [0.0401, 0.7779, 0.0269, 0.0932, 0.0126, 0.0144, 0.0348],将平均证据代替冲突证据(Y 方向的证据),且其权值为冲突证据的权值 0.2032;接着,将各证据加权平均得 [0.0382, 0.8551, 0.0298, 0.0273, 0.0151, 0.0132, 0.0213];最后,依据 D-S 组合公式融合后得到结果:

$$m(O_1) = 0.0000, \, m(O_2) = 1.0000, \, m(O_3) = 0.0000, \, m(O_4) = 0.0000$$
$$m(O_5) = 0.0000, \, m(O_6) = 0.0000, \, m(O_7) = 0.0000$$

融合后的诊断结果为配流盘磨损,与故障 2 模式一致,且不确定度为 0,可信度高达 1,消除了 Y 方向子网判断的模糊性。

将故障模式 1 和 3 分别根据 D-S 改进算法融合 4 个证据,各自的 4 个证据体的基本概率分配值及融合结果分别如表 5.6 和表 5.7 所示。

表 5.6　故障 1 的 4 个证据的 BPA 值及融合结果

证据体	$m(O_1)$	$m(O_2)$	$m(O_3)$	$m(O_4)$	$m(O_5)$	$m(O_6)$	$m(O_7)$
温度子网	0.4412	0.0001	0.0019	0.0000	0.4571	0.0002	0.0995
X 方向子网	0.6749	0.0248	0.0473	0.0269	0.1362	0.0465	0.0435
Y 方向子网	0.3277	0.1149	0.0375	0.0328	0.0009	0.3697	0.1166
Z 方向子网	0.6621	0.0047	0.1878	0.0347	0.0454	0.0084	0.0569
融合结果	0.9971	0.0000	0.0006	0.0000	0.0022	0.0000	0.0001

表 5.7　故障 3 的 4 个证据的 BPA 值及融合结果

证据体	$m(O_1)$	$m(O_2)$	$m(O_3)$	$m(O_4)$	$m(O_5)$	$m(O_6)$	$m(O_7)$
温度子网	0.0017	0.0017	0.8818	0.0090	0.0107	0.0090	0.0861
X 方向子网	0.0387	0.0359	0.7838	0.0245	0.0003	0.0596	0.0573
Y 方向子网	0.0350	0.0335	0.6450	0.0062	0.0608	0.1537	0.0658
Z 方向子网	0.0470	0.4380	0.0921	0.0136	0.0199	0.0158	0.3737
融合结果	0.0000	0.0000	0.9998	0.0000	0.0000	0.0001	0.0001

　　通过表 5.6 和表 5.7，可以清晰明确地判断出故障，且均符合故障模式，故障 1 的 4 个证据经融合后 $m(O_1)$ 达到了 0.9971，同理，故障 3 的诊断精度高达 0.9998，趋近于 1，在不影响正确决策的情况下，消除了少数冲突证据对结果判断的干扰，降低了决策的风险，基本达到了最佳的诊断效果。

第 6 章　基于支持向量机的工程车辆液压系统智能故障诊断技术

基于统计学理论的支持向量机(Support Vector Machine，SVM)作为一种相对较新的智能算法，近年来被众多学者相继应用于工程车辆故障诊断中。相较于其他的故障诊断方法，支持向量机原理简单，过程快速清晰，不需要精确的数学模型，具有较好的非线性映射和良好的学习能力，非常适合应用于复杂系统的故障诊断中。其诊断效率和效果直接受 SVM 参数和所选取的训练数据集特征决定。对 SVM 设置同样的核函数和参数时，面对处理不同的训练集数据时，其产生结果可能大不相同，同样面对相同的特征训练集时，选用不同的参数设置，结果也可能相差甚远。本章采取微分进化算法(Differential Evolution algorithm，DE)对 SVM 训练模型参数和信号特征同步进行全局寻优，对液压系统实现高效、准确的故障诊断。

6.1　支持向量机概述

支持向量机(SVM)属于监督学习类算法，是基于广义肖像算法演化而来的分类器，是一个以统计学习理论为基础的算法。该算法建立在结构风险最小化原则基础上，专门针对样本较少情况的机器学习问题，具有自适应学习能力和非线性逼近能力等优点，其算法核心是在不同的类别边界找到一个最优超平面把不同类别分离开来，且该超平面处于不同类别之间的中间位置，使不同的类别样本点到最优超平面的距离最大化。

6.1.1　支持向量机基本理论

在二维平面中，有二维线性可分的两类别数据点，如图 6.1 所示，每个符号表示一个数据点，相同的符号属于同一类别，在这两个类别中间，存在无数条直线能把这两类别数据分开，设两类别点投影线段长度最小的投影线段为 l，则把垂直平分 l 的唯一直线称为超平面 $f(x)$，取距离 $f(x)$ 最近数据点的距离为 1，则超平面一边的数据点对应的全是 $f(x) \leqslant -1$，另一边对应的全是 $f(x) \geqslant 1$。

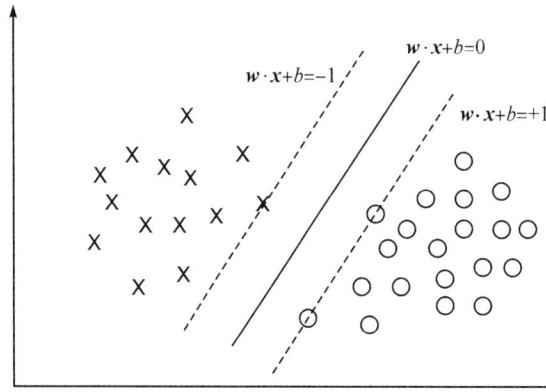

图 6.1　二维平面示例

这个超平面可以用函数式

$$f(\boldsymbol{x}) = \boldsymbol{w}^{\mathrm{T}} \boldsymbol{x} + b \qquad (6-1)$$

表示。其中，$\boldsymbol{w}$ 为法向量，决定了超平面的方向，b 为位移量，表示超平面与原点的距离。若把数据点 $\boldsymbol{x}$ 代入式（6-1）等于 0，则表示点 $\boldsymbol{x}$ 是位于直线 $f(x)$ 上的点。令 y_i 为样本点距离超平面最近的点 $y_i = \begin{cases} +1 \\ -1 \end{cases}$，当 $\boldsymbol{x}_i$ 为正时 y_i 为 $+1$，当 $\boldsymbol{x}_i$ 为负时 y_i 为 -1，对判别函数进行相应的归一化处理，假设超平面能将所有的类别标签数据点在空间中正确划分，即对于空间中的所有数据点，满足以下公式：

$$y_i(\boldsymbol{w}^{\mathrm{T}} \boldsymbol{x}_i + b) \geqslant 1 \rightarrow y_i(\boldsymbol{w}^{\mathrm{T}} \boldsymbol{x}_i + b) - 1 \geqslant 0 \qquad (6-2)$$

把不同类别点投影线段长度最小的数据点带入式（6-2），若得 $y_i(\boldsymbol{w}^{\mathrm{T}} \boldsymbol{x}_i + b) = 1$，则这些数据点被称为"支持向量"，把不同类别点投影线段最小长度 l 称为间隔。SVM 的思想是使得线段 l 最大化，即

$$l = (x_{+1} - x_{-1}) \cdot \frac{\boldsymbol{w}}{|\boldsymbol{w}|} \Rightarrow l = \frac{2}{|\boldsymbol{w}|} \qquad (6-3)$$

也就是

$$\max_{\boldsymbol{w}, b} \frac{1}{\|\boldsymbol{w}\|}, \text{ s.t. } y_i(\boldsymbol{w}^{\mathrm{T}} \boldsymbol{x}_i + b) \geqslant 1 \quad (i = 1, 2, \cdots, m) \qquad (6-4)$$

间隔 l 最大化相当于最小化 $\dfrac{1}{2}\parallel w\parallel^2$，即转化为所求目标函数 l 是二次的，约束条件是线性的，当给约束条件引入一个拉格朗日乘子，该问题的拉格朗日函数可以写为

$$L(w,b,a)=\frac{1}{2}\parallel w\parallel^2+\sum_{i=1}^{m}a_i\left[1-y_i(w^\mathrm{T}x_i+b)\right] \tag{6-5}$$

式(6-5)中 a_i 为拉格朗日系数，且 $a_i>0$，由上式可知拉格朗日函数的最小值由 w 和 b 决定。所以，可以对式(6-5)的系数 w、b 进行偏微分求解，并使每个微分方程等于 0：

$$\frac{\partial L}{\partial w}=0\Rightarrow w=\sum_{i=1}^{m}a_iy_ix_i \tag{6-6}$$

$$\frac{\partial L}{\partial b}=0\Rightarrow\sum_{i=1}^{m}a_iy_i=0 \tag{6-7}$$

把上两式代入式(6-5)得

$$L=\sum_{i=1}^{m}a_i-\frac{1}{2}\sum_{i=1}^{m}\sum_{j=1}^{m}a_ia_jy_iy_jx_ix_j \tag{6-8}$$

由式(6-8)可知最终 L 取决于 x_ix_j，表明了应用支持向量机进行分类最终的本质：在构建分类模型时，大部分训练样本是冗余的，最终分类超平面只与少量的边界数据点有关。

上述推论的最优超平面是针对线性可分的情况，但是现实中一般的数据集都是线性不可分且具有噪声的，此时只要给式(6-8)添加一个松弛变量 $\xi_i(\xi_i\geqslant 0,\ i=1,2,\cdots,m)$，则公式变为

$$y_i(w^\mathrm{T}x_i+b)\geqslant 1-\xi_i \tag{6-9}$$

当 $\xi_i\in(0,1)$ 时，上式可以正确分类，为防止当 $\xi_i>1$ 时超平面进行误判，可以添加一个惩罚函数：

$$J(w,\xi)=\frac{1}{2}w^\mathrm{T}w+e\sum_{i=1}^{m}\xi_i \tag{6-10}$$

其中，e 表示的是惩罚系数。

在高维非线性的分类过程中，我们运用核函数对数据集从低维向高维进行映射，然后在高维进行线性划分：

$$k(x_i,\ x_y)=\langle\varPhi x_i,\ \varPhi x_y\rangle \tag{6-11}$$

则式(6-8)变为

$$L = \sum_{i=1}^{m} a_i - \frac{1}{2} \sum_{i=1}^{m} \sum_{j=1}^{m} a_i a_j y_i y_j k(\boldsymbol{x}_i, \boldsymbol{x}_y) \qquad (6-12)$$

由以上论述可知,利用 SVM 进行故障诊断的识别精度由惩罚系数 e 决定。若 e 值太高,可能出现过拟合现象,并降低 SVM 的泛化能力;但如果 e 值太低,SVM 模型很容易陷入欠拟合现象。另外,核空间中输入数据点的分布状况也受核函数参数的影响。

6.1.2　典型核函数及其参数

在同样的训练数据下,SVM 选择不同的惩罚系数 e 和不同的核函数,其训练模型的准确度可能相差甚远,会对下一步进行的故障诊断结果性能产生较大的影响。

假设存在输入空间 X 及希尔伯特空间 H,如果有一个从 X 到 H 的映射:

$$\Phi(X): X \to H \qquad (6-13)$$

使得对所有的 $\boldsymbol{x}, \boldsymbol{y} \in X$,存在函数:

$$k(\boldsymbol{x}, \boldsymbol{y}) = \Phi(\boldsymbol{x}) \cdot \Phi(\boldsymbol{y}) \qquad (6-14)$$

则把式(6-14)定义为核函数,其中非线性变换 $\Phi(X)$ 为映射函数,$\Phi(\boldsymbol{x}) \cdot \Phi(\boldsymbol{y})$ 是 $\boldsymbol{x}, \boldsymbol{y}$ 元素在希尔伯特空间上的内积。一般求解过程中,由于非线性变换 $\Phi(X)$ 求解困难,所以用式(6-14)求解内积替代映射函数的运算。

核函数理论是一个比较成熟的理论,我们一般可以根据 Mercer 定理来简单的判定一个映射关系式是否为核函数,按照 Mercer 定理:只要一个映射关系式为半正定的函数,它就对应某一变换空间的内积,那这个映射关系式就是核函数。但是 Mercer 定理只是判断核函数的充分不必要条件,不能简单作为唯一的标准。无论核函数是否满足 Mercer 定理,但一个核函数必定满足以下三个条件:

(1) 非负性:$k(\boldsymbol{x}, \boldsymbol{y}) > 0$;

(2) 对称性:$k(\boldsymbol{x}, \boldsymbol{y}) = k(-\boldsymbol{x}, -\boldsymbol{y})$;

(3) 正则性:$\int_{-\infty}^{+\infty} k(\boldsymbol{x}, \boldsymbol{y}) d(\boldsymbol{x}, \boldsymbol{y}) = 1$。

由核函数的判定及特性可知,一般核函数存在很多种,但是在实际的应用中,经归纳总结,常用的核函数如下:

(1) 线性核函数:

$$k(\boldsymbol{x}, \boldsymbol{y}) = \boldsymbol{x}^{\top} \boldsymbol{y} + d$$

　　线性核函数是所有核函数中最简单的内核函数。它由内积 $\langle \boldsymbol{x}, \boldsymbol{y} \rangle$ 和可变常数 d 给出。线性核函数主要解决构建非直线决策超平面问题，如二维平面中非线性的分类。

　　（2）多项式核函数：

$$k(\boldsymbol{x}, \boldsymbol{y}) = (a\boldsymbol{x}^{\mathrm{T}}\boldsymbol{y} + d)^q$$

其中，斜率 a 是变量，d 是固定值，q 是多项式阶数。

　　通过对比线性核函数和多项式核函数，可以看出多项式核函数是在线性核函数基础上增加了 q 次幂。多项式核函数比较适合于对所有的训练数据都经过归一化处理的问题。

　　（3）径向基核函数 RBF：

$$k(\boldsymbol{x}, \boldsymbol{y}) = \exp(-\gamma \parallel \boldsymbol{x} - \boldsymbol{y} \parallel^2)$$

我们常说的高斯核函数 RBF：

$$k(\boldsymbol{x}, \boldsymbol{y}) = \exp\left(-\frac{\parallel \boldsymbol{x} - \boldsymbol{y} \parallel^2}{2\sigma^2}\right)$$

就是一种径向基核函数。其中，标准差参数 σ 为 RBF 核的差参数，反映样本数据分布的情况：σ 越小，高斯分布越窄，样本分布越集中；σ 越大，高斯分布越宽，样本分布越分散，相应表明了数据映射到新的特征空间后的分布。σ 值越小，支持向量越多，σ 越大，支持向量越少。样本数据与支持向量的比重决定了 SVM 模型的训练效率。

　　特定点距离的实值函数是判断函数为径向基核函数的唯一标准，即只要符合 $\varPhi(\boldsymbol{x}, \boldsymbol{y}) = \varPhi(\parallel \boldsymbol{x} - \boldsymbol{y} \parallel)$ 这一标准的函数 $\varPhi$ 都叫作径向基核函数。其他比较常用的径向基核函数还有幂指数核函数、拉普拉斯核函数。

　　本章选用基于 RBF 的 SVM。在同样的训练数据下，SVM 选择不同的惩罚系数 e 和差参数 σ，其训练模型的准确度可能相差甚远，会对下一步进行的故障诊断结果性能产生较大的影响。其中，参数 e 是 SVM 的惩罚系数。所谓惩罚系数，通俗地讲就是 SVM 决策边界允许存在的误差范围。参数 e 设置得越高，对 SVM 决策边界的准确度要求越高，构建的超平面越紧紧贴合不同类别的边界，容易使诊断模型出现过拟合。但参数 e 设置得过小，会使得对 SVM 决策边界的准确度要求较低，允许 SVM 分类时出现误差，这就容易使诊断模型出现欠拟合。即参数 e 过大或过小，都会影响 SVM 训练诊断模型的泛化能力。差参数 σ 的值决定了 SVS（支持向量）的个数，过多的 SVS 影响 SVM 的训练速度，又因为训练数据集特征的选择影响 SVM 的诊断效率。所以本章采用 DE 算法对 SVM 的参数 e、σ 和数据特征进行同步选择，建立最优 SVM 诊断模型。

6.2　基于微分进化算法的参数与特征同步选择

微分进化算法（DE）是模仿生物群体优胜劣汰的方式进行优化的算法，即符合设计要求的参数保留，不符合的参数去掉，此算法于 1995 年被发表。相比于其他的类似算法，DE 算法不仅具有理论容易推导、易实现的优点，而且在实际运用过程中具有良好的鲁棒性和收敛性。

6.2.1　微分进化算法

微分进化算法的过程类似于遗传算法的过程，首先随机初始化种群，将所有个体带入目标函数中求出其等级号和拥挤度，把等级号低的个体遗传到下一代进行交叉、变异，不断地进行迭代。该算法主要包括 3 个步骤：变异、杂交和选择，针对 n 个变量的全局优化，其原则是首先要设置一个目标函数：

$$\min_{x \in \mathbf{R}^{n}} j(\boldsymbol{x}) \tag{6-15}$$

其中，$\boldsymbol{x} = (x_1, x_2, \cdots, x_n)$。假设在 DE 算法中种群规模为 p，共有 k 代，则每代有 p 个个体，即第 k 代可以用 $\boldsymbol{X}^k = (\boldsymbol{x}_1^k, \boldsymbol{x}_2^k, \cdots, \boldsymbol{x}_p^k)$ 表示，其中 $\boldsymbol{x}_i^k = (x_{i,1}^k, x_{i,2}^k, \cdots, x_{i,n}^k)$ 为第 k 代第 i 个个体。

与其他的进化算法相比较，DE 算法最不同的特征就是变异过程。进行变异时，假设存在个体 $\boldsymbol{x}_i^k$，再从当前种群中随机选择 3 个不一样的个体 $\boldsymbol{x}_a^k$，$\boldsymbol{x}_b^k$，$\boldsymbol{x}_c^k$，且使之与已存在的个体不同，然后把其中一个体 $\boldsymbol{x}_i^k$ 作为进化的起点，以另外两个个体作差形成的方向作为进化的方向，把 a 作为进化长度值得到中间个体记为

$$\boldsymbol{y}_i = \boldsymbol{x}_a^k + \alpha(\boldsymbol{x}_b^k - \boldsymbol{x}_c^k), \quad \alpha \in [0,2] \tag{6-16}$$

式中 $i = 1,2,\cdots,p$, $a,b,c \in \{1,\cdots,p\}$, 且 $a \neq b \neq c$。

杂交过程就是将变异种群 $\boldsymbol{y}_i = (y_{i,1}, y_{i,2}, \cdots, y_{i,n})$ 与当前个体 $\boldsymbol{x}_i^k$ 进行杂交, 得到当前候选种群 $\boldsymbol{z}_i = (z_{i,1}, z_{i,2}, \cdots, z_{i,n})$, 其中,

$$z_{i,j} = \begin{cases} y_{i,j}, & \mathrm{rand}_j \leqslant P_c \vee j \equiv k(i) \\ x_{i,j}, & \text{其他} \end{cases} \tag{6-17}$$

式中, $i = 1,2,\cdots,p$; $j = 1,2,\cdots,n$; $k(i) \in (1,2,\cdots,n)$, 是一个随机参数, 保证 $z_{i,j}$ 最少从 $y_{i,j}$ 中获得一个分量值; $\mathrm{rand}_j \in [0,1]$, 是一个均匀分布的随机数; 杂交因子 P_c 是 DE 算法的一个参数, 它决定了选择变异个体分量值代替当前点分量值的概率。

进化过程中执行的步骤是基于评价值选择的, 首先把新个体 z_i 代入式(6-15)求其结果值, 接着把式(6-15)求得的值代入下式, 并最终判断是否选择新产生的个体 z_i:

$$\boldsymbol{x}_i^k = \begin{cases} \boldsymbol{z}_i, & f(\boldsymbol{z}_i) \leqslant f(\boldsymbol{x}_i^k) \\ \boldsymbol{x}_i^k, & \text{其他} \end{cases} \tag{6-18}$$

在使用 DE 算法对 SVM 参数与特征进行同步优化时, 各个数据变量都应利用二进制编码转换为编码串, 因为遗传进化只能发生在编码串中。

6.2.2　个体编码设计

在利用 DE 优化 SVM 参数时, 因为 SVM 参数包括 SVM 的参数及输入的特征, 所以产生初始种群个体中要同时包含参数信息和特征信息。首先在编码串空间内, 初始种群中的 p 个进行微分进化, 一次进化完成会同时产生供选择的参数和特征选择方案。然后根据特征选择结果组成全新的数据集, 基于新的参数在全新数据集上重新训练 SVM 的分类模型, 并算出相应的适应度。最后根据设置的搜索停止条件判断进化结果是否满足停止条件: 满足, 就输出进化的参数和特征选择方案; 不满足, 就接着循环进化。

个体编码原理: 假如 SVM 一共有 N 个参数变量和 M 个特征信息。由于 SVM 的 n 个参数是连续变量, 所以对于 SVM 参数的优化选择使用直接编码, 即初始种群个体直

接对应 N 个参数。而对于特征的选择只有两个结果，即选取和没选取，所以特征选择的编码对应是离散变量。在本文中采用"取整二进制变换"方法对特征选择进行编码，详细步骤如下：首先，设定 m 值，即每 m 个特征对应一个编码个体。当进行特征选择时，首先对该特征变量先向零取整，然后再转换为二进制数值，如下式：

$$x_t \xrightarrow{\text{向零取整}} x'_t \xrightarrow{\text{二进制变换}} b_{m-1}b_{m-2}\cdots b_0 \qquad (6-19)$$

式(6-19)中编码串每位 b_x 只能是 0 或 1，且每位数对应一个特征信息，如果特征信息对应的二进制数值位为 1，则表明该特征信息被选取；如果为 0，则表明该特征没被选取。举一具体例子：如果设定 $m = 8$，某特征值为 86.88，则经过式(6-19)变换后为 01010110，则对应的 8 个特征中只有第 2、3、5、7 四个特征被选中。

6.2.3　评估个体适应度

由于微分进化算法在进行全局搜索时不参考种群以外的信息，仅以种群内部个体的适应度来进行进化，所以适应度函数(Fitness Function)是 DE 算法的重要组成部分，它的设定会直接影响 DE 算法最终效果的好坏。本节选用 K-fold 交叉验证法，该验证法是基于选择的 SVM 的训练集完成的，选择的特征少，得到的效果较好。适应度函数定义如下：

$$\text{fitness} = w_p \times \text{err} + w_f \times \frac{n_f}{\text{feat}} \qquad (6-20)$$

式中，err 为 K-fold 交叉验证错误率，feat 为总的特征数，n_f 选中的特征数，w_p 和 w_f 是和为 1 的权重。

基于微分进化算法优化支持向量机参数及特征选取的具体步骤：首先输入相关参数，并对这些参数进行个体编码，并产生初始种群；其次是利用所选择的参数及特征值训练 SVM 模型，并计算个体适应度，如果满足迭代终止条件，则输出结果，反之则再变异进化，并利用该结果对 SVM 模型进行训练；然后再计算个体适应度，直至满足迭代终止条件并输出结果。具体流程如图 6.2 所示。

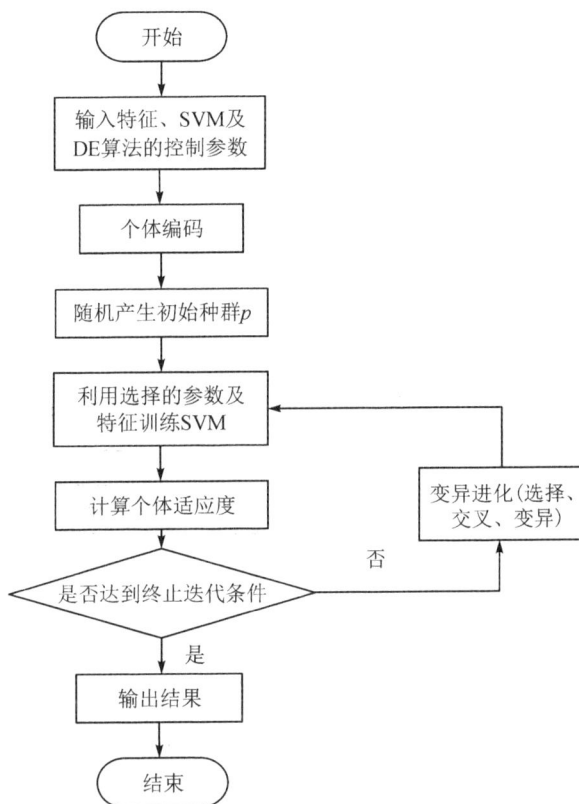

图 6.2　基于 DE 算法优化 SVM 参数及特征选择的流程图

6.3　基于微分进化算法的支持向量机液压系统故障诊断实例

为了检验基于 DE 算法对 SVM 参数与特征同时选择算法的实际运用效果（记为：DE-SVM 算法），将本章算法与使用粒子群算法优化 SVM 参数（PSO-SVM）的算法进行比较，各分类器参数设置如表 6.1 所示。

表 6.1　各分类器参数设置

分类器	参数设置
PSO-SVM	粒子群规模为 30，惯性权重为 0.4，加速因子为 0.3 和 0.3
DE-SVM	种群规模为 30，交叉率为 0.8，变异率为 0.5

　　仿真实验数据选取自作者的硕士论文《大规模数据下基于支持向量机的轴承故障诊断研究》中经过 CHCB 方案处理的 Bearing_1、Bearing_2 数据集。SVM 的核函数选择常用的 RBF 核。

　　在实验验证时，本章实验的两种算法结束运行的条件均设置为：连续 5 次迭代式 (6-20) 的函数值不变或迭代次数超过 100。对两种算法的参数、迭代次数、最优适应度函数值及准确度进行比较。为了增强实验的可信度，表 6.2 给出了 5 次试验结果的平均值。

表 6.2　各分类器对比结果

算法	数据集	e	σ	迭代次数	最优适应度函数值	准确度/(%)
PSO-SVM	Bearing_1	20.168	0.391	63	20.34	95.79
	Bearing_2	21.643	0.416	59	20.34	95.34
DE-SVM	Bearing_1	3.949	0.206	38	19.01	97.12
	Bearing_2	8.159	0.363	40	19.11	98.31

　　由表 6.2 可以看出：DE-SVM 算法优化选择的 e,σ 参数相比另外两个算法，其效率更高，寻优能力更强且分类结果也更准确。使用 DE 算法进行参数优化的迭代次数比利用粒子群算法优化 SVM 参数迭代次数要小很多，主要原因是 PSO-SVM 易陷入局部最优状态，导致迭代次数增加。比较两者的最优适应度函数值，可以发现 DE-SVM 的最优适应度函数值小，这说明 DE-SVM 算法选择的特征较少，提高了算法的故障诊断效率，同时故障诊断准确度也最高。

第 7 章　基于贝叶斯网络的工程车辆液压系统智能故障诊断技术

贝叶斯网络（Bayesian networks，BN）是不确定性知识表达和推理领域的有力工具，是一种用于描述变量间不确定性因果关系的图形网络模型，可用于不确定性系统建模和推理，处理涉及故障诊断、智能推理、决策风险及可靠性分析等方面的问题。网络模型由节点、有向连线和节点概率表组成，其中有向连线代表节点间的因果依赖关系，这种结构可以非常直观地显示节点间的因果关系，在数据不足的情况下，可以依靠专家知识去建模、推理；还可以进行双向推理，既可以从原因推理结果也可以从结果推理原因，同时也可以利用新的证据推翻先前的推理；基于这些特性，贝叶斯网络具有处理故障诊断过程中的不确定性和多源信息融合的能力，并以概率的形式输出诊断结果，所以贝叶斯网络也是一种比较合理有效的故障诊断方法。

7.1　贝叶斯网络概述

贝叶斯网络（BN）模型变量之间的依赖关系比较明确，网络模型学习的核心是贝叶斯定理，与传统深度学习仅关注单个模型不同，贝叶斯学习考虑了无穷多个可以拟合训练数据的模型，并基于此做出更精确的不确定性建模。具体来说，贝叶斯模型基于先验分布和似然函数推导出后验分布。先验分布是指在没看到数据之前，对模型不确定性的概率刻画；而似然函数则提供了一个对数据不确定性进行建模和推断的途径。贝叶斯模型充分结合先验分布和经验数据，综合得到模型的后验分布。

7.1.1　贝叶斯网络故障诊断原理

贝叶斯网络（BN）作为描述和解决不确定问题的有力工具，其概率图模型建立在图结构的基础上，拓扑结构中包含两个重要组成部分：节点和边。其中网络节点表示研究内容中的随机变量，而边表示两个随机变量之间的关系。

　　假设贝叶斯网络 $B = \langle G, P \rangle$ 由两部分组成，分别是网络拓扑结构（有向无环图）G 和网络参数（条件概率分布表）P，$G = \langle V, D \rangle$ 表示一个有向无环图（Directed Acyclic Graph，DAG），V 表示一组随机变量；D 表示有向边集，其中每条边都表示从一个节点（即父节点）到另一个节点（即子节点）的概率依赖关系。条件概率分布（Conditional Probability Distribution，CPD）量化父节点和子节点的依赖紧密程度。

　　假设贝叶斯网络有 n 个节点 $X_1, X_2, \cdots, X_n$，根据概率的链式规则，贝叶斯网络的联合概率分布 $P(X_1, X_2, \cdots, X_n)$ 可以表示如下：

$$P(X_1, X_2, \cdots, X_n) = \prod_{i=1}^{n} P(X_i \mid X_1, X_2, \cdots, X_{i-1}) \tag{7-1}$$

　　贝叶斯网络结构本身具有条件独立性关系：每个节点在已知其父节点时条件独立于所有其余的非子孙节点，即

$$P(X_i \mid X_1, X_2, \cdots, X_{i-1}) = P(X_i \mid \Pi_i) \tag{7-2}$$

其中，Π_i 是节点 X_i 的父节点集合，所以有

$$P(X_1, X_2, \cdots, X_n) = \prod_{i=1}^{n} P(X_i \mid \Pi_i) \tag{7-3}$$

　　记网络中所有特征节点集合为 $E = \{X_1, X_2, \cdots, X_{n-1}\}$，节点 X_n 表示故障类型，X_n 包含 m 种故障类型 $x_n^1, x_n^2, \cdots, x_n^m$，贝叶斯网络诊断为

$$P(X_n \mid X_1, X_2, \cdots, X_{n-1}) = \frac{P(X_1, X_2, \cdots, X_{n-1}; X_n)}{P(X_1, X_2, \cdots, X_{n-1})} = \frac{\prod\limits_{i=1}^{n} P(X_i \mid \Pi_i)}{\prod\limits_{i=1}^{n-1} P(X_i \mid \Pi_i)} \tag{7-4}$$

　　最大后验概率 $\max\{P(X_n = x_n^1 \mid E), \cdots, P(X_n = x_n^m \mid E)\}$ 是故障诊断的结果。

7.1.2　贝叶斯网络结构的确立

　　贝叶斯网络结构的确立分为两类，一类是基于打分-搜索的方法，另一类是基于依赖分析的方法。其中打分-搜索的方法虽然简单且标准化，但是计分函数的计算复杂度和结构搜索空间的大小随变量的增加而呈指数增长，同时该方法还对节点的顺序有要求。基于依赖分析的算法过程虽然复杂度较高，但是可以获得最佳的贝叶斯网络结构。

基于依赖关系分析的贝叶斯网络结构建立方法，通常使用统计学或信息论方法对变量之间的依赖关系进行定量分析，从而获得表达这些关系的最优网络结构。这种方法的主要思想是：首先，对训练数据集进行统计检验，特别是条件独立性检验，以确定变量之间的条件独立性；然后使用变量之间的条件独立性来创建有向无环图，以覆盖尽可能多的条件独立性。

随机变量 X_i 的熵 $H(X_i)$，随机变量 X_i 和 X_j 的联合熵 $H(X_i,X_j)$ 以及给定 X_j 时 X_i 的条件熵 $H(X_i \mid X_j)$：

$$H(X_i) = \sum_{x_i} p(x_i) \log \frac{1}{p(x_i)} = -\sum_{x_i} p(x_i) \log p(x_i) \tag{7-5}$$

$$H(X_i,X_j) = \sum_{x_i,x_j} p(x_i,x_j) \log \frac{1}{p(x_i,x_j)} = -\sum_{x_i,x_j} p(x_i,x_j) \log p(x_i,x_j) \tag{7-6}$$

$$H(X_i \mid X_j) = \sum_{x_i,x_j} p(x_i,x_j) \log \frac{1}{p(x_i \mid x_j)} = -\sum_{x_i,x_j} p(x_i,x_j) \log p(x_i \mid x_j) \tag{7-7}$$

熵是对随机变量不确定性的度量，熵越大，不确定性越大。随机变量 X_i 和随机变量 X_j 的互信息 $I(X_i;X_j)$，以变量 $X_{N_1},X_{N_2},\cdots,X_{N_s}$（$N_h \neq i,j,h = 1,2,3,\cdots,s$）为条件的随机变量 X_i 和变量 X_j 的互信息 $I(X_i;X_j \mid X_{N_1},X_{N_2},\cdots,X_{N_s})$，对于给定的任意小正数 ε，如果满足 $I(X_i;X_j) > \varepsilon$（$I(X_i;X_j \mid X_{N_1},X_{N_2},\cdots,X_{N_s}) > \varepsilon$），就称变量 X_i 和 X_j 边缘依赖（条件依赖），反之称之为边缘独立（条件独立）。

$$I(X_i,X_j) = H(X_i) - H(X_i \mid X_j) = \sum_{x_i,x_j} p(x_i,x_j) \log \frac{p(x_i,x_j)}{p(x_i)p(x_j)} \tag{7-8}$$

$$I(X_i;X_j \mid X_{N_1},X_{N_2},\cdots,X_{N_s})$$

$$= H(X_i \mid X_{N_1},X_{N_2},\cdots,X_{N_s}) - H(X_i \mid X_{N_1},X_{N_2},\cdots,X_{N_s},X_j)$$

$$= \sum_{x_i,x_j,x_{N_1},\cdots,x_{N_s}} p(x_i,x_j,x_{N_1},\cdots,x_{N_s}) \cdot \log \frac{p(x_i,x_j \mid x_{N_1},\cdots,x_{N_s})}{p(x_i \mid x_{N_1},\cdots,x_{N_s})p(x_j \mid x_{N_1},\cdots,x_{N_s})}$$

$$\tag{7-9}$$

互信息具有非负性，当且仅当变量 X_i 和 X_j 相互独立时等号成立。贝叶斯网络中两个节点间的互信息值不仅可以表明这两个节点是否依赖，而且可以定量地量化它们之间依赖关系的强弱。假设两个变量节点相互独立，则它们之间的互信息值为 0。两个节点间的互信息值越高，则表明它们之间的相关性或者依赖性越强，因此可以直接根据互信息值的大小来判断节点间是否存在边连接。

建立贝叶斯网络拓扑结构的具体步骤如下：

（1）计算每一类故障特征之间条件互信息 $I(X_i, X_j | C)$，把 $I(X_i, X_j | C)$ 作为节点 X_i 和 X_j 的连接权重，建立故障特征节点完全无向图。

（2）构建最大权生成树（MSWT），过程如下：

① 初始状态：n 个随机变量（结点），0 条无向边。

② 首先插入最大权重的边。

③ 找到下一个权重最大的边，并且加入树中；原则是新边加入后，树没有环生成，否则查找次大权重的边；重复此过程，直到插入了 $n-1$ 条边。

（3）根据特征节点的相对预测能力确定属性节点的顺序，过程如下：

① 计算每一类故障下故障特征的信息量 $I(X_i | C)$。

② 对于故障特征 X_i 和 X_j，如果 $| I(X_i | C) - I(X_j | C) | > \varepsilon, I(X_i | C) > I(X_j | C)$，则有向边为 $X_i \rightarrow X_j$。

③ 把上述故障特征之间的无向边变成有向边。

（4）增加类节点 C，并使 C 指向所有没有父节点的节点。

（5）根据网络结构，使用统计的方法计算故障症状与故障类型的条件概率分布表。

（6）利用贝叶斯网络的性质推理计算故障的后验概率，最大后验概率为诊断的结果。

7.1.3　基于离散化的贝叶斯网络参数学习

离散化是指将连续型数据划分为多个"单元"。连续数据离散化的方法包括等间距离散、等频率离散和等熵离散等。等间距离散方法可以较好地保持初始数据的原始分布，且离散间隔的步长越小，数据的原始特征保留得越好。同时，离散化可以极大地削弱极值点和离群点对模型建立的影响。本节将离散化方法引入到贝叶斯网络参数学习中，不需要假设初始输入特征的分布，也不需要对数据做非线性的归一化处理。

故障数据特征离散化具体步骤如下：

（1）由已知故障数据获取故障特征 X_i 的上限 $\max(x_i)$ 和下限 $\min(x_i)$。

（2）定义离散间隔数量 m。

（3）根据 m 的值计算离散间隔长度：

$$V = \frac{\max(x_i) - \min(x_i)}{m} \tag{7-10}$$

（4）计算故障特征离散区间：

$$X_i^s = [\min(x_i) + (s-1) \times V, \min(x_i) + s \times V) \tag{7-11}$$

式中，$s = 1, 2 \cdots, m$。网络参数的学习采用样本统计的学习方法，也就是说使用样本数的比值近似概率值。

$$P(X_i = x_i \mid X_j = x_j) = \frac{P(X_i = x_i, X_j = x_j)}{P(X_j = x_j)} = \frac{\text{Num}(X_i = x_i, X_j = x_j)}{\text{Num}(X_j = x_j)}$$

$$\tag{7-12}$$

式中，$\text{Num}(X)$ 表示 $X = x$ 落在区间 X^s 中的个数。

7.2　基于动态贝叶斯网络的智能故障诊断技术

贝叶斯网络是一个有向无环图，它反映了一系列变量间的概率依存关系，没有考虑时间因素对变量的影响，故障诊断的实时性相对较差。动态贝叶斯网络（DBN）是近年来新发展起来的统计模型，可以看作是静态贝叶斯网络统计思想与动态网络结构相结合的模型，是贝叶斯网络在时间变化过程上的扩展，因此，动态模型比静态模型更加优越。在故障诊断中，它考虑了时间因素对变量的影响，既能够表示相同时刻下变量之间的概率依存关系，又能描述这一系列变量随时间变化的情况。本节采用 DBN 对工程车辆液压系统进行故障诊断。首先，给出了网络结构和参数的学习方法；其次，利用 DBN 网络描述故障过程中隐状态的变化，求得不同时间片之间变量的联合概率分布；最后，进行状态解码，求取到当前时刻监测数据的最优状态序列，做出最终的决策。

7.2.1　动态贝叶斯网络简介

DBN 模型是将 BN 模型引申扩展到包含时间因素的随机过程模型。使用 DBN 方法对复杂过程进行研究建模的过程中，需要做如下假设：

（1）假设在有限的时间范围内（每一个时间片 T 内），条件概率变化过程对所有的

时刻 t 是一致平稳的。

（2）假设动态概率过程是满足马尔可夫性：

$$P(X_{t+1} \mid X_1, X_2, \cdots, X_t) = P(X_{t+1} \mid X_t) \qquad (7-13)$$

（3）时齐性假设，即对于任意时刻 t_1，t_2 有：

$$P(X_{t_1+1} \mid X_{t_1}) = P(X_{t_2+1} \mid X_{t_2}) \qquad (7-14)$$

和所有的概率图模型一样，动态贝叶斯网络的主要内涵分为表示、推理和学习。建立在随机过程时间轨迹上的 DBN 结构包含两个组成部分：一部分是先验网 B_1，定义在初始状态上 $X_1 = \{X_1^1, X_1^2, \cdots, X_1^N\}$ 的联合概率分布，其中下标表示初始观测时刻，上标表示观测变量；另一部分是转移网 $B_{\rightarrow}$，定义在变量集 X_t 和 X_{t+1} 上的转移概率 $P(X_{t+1} \mid X_t)$，具体如图 7.1 所示。

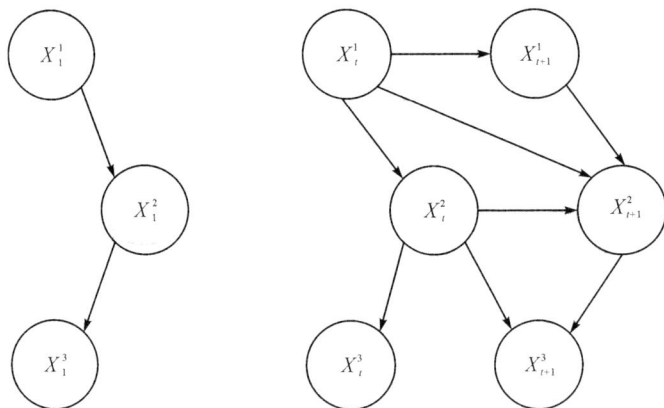

图 7.1　DBN 先验网 B_1 和转移网 $B_{\rightarrow}$

在实际应用中，一般只考察有限时间段 $1, 2, \cdots, T$，并将 DBN 展开到 $X_1, \cdots, X_T$ 上的网络结构。在初始时刻 1，X_1 的父节点是那些在先验网 B_1 中的节点；在时刻 t（$t = 2, 3, \cdots, T$），X_t 的父节点是那些在 t 时刻或者 $t-1$ 时刻中与 X_t 相关的节点。动态贝叶斯网络结构如图 7.2 所示。

因此，给定一个 DBN 模型，变量集 $X_1, X_2, \cdots, X_T$ 上的联合概率分布为

$$P(X_1, X_2, \cdots, X_T) = P_{B_1}(X_1) \prod_{t=1}^{T} P_{B_{\rightarrow}}(X_{t+1} \mid X_t) \qquad (7-15)$$

使用 X_t^i 表示 t 时刻的第 i 个随机变量，$\mathrm{Pa}(X_t^i)$ 表示变量 X_t^i 的父节点集合，N 表示

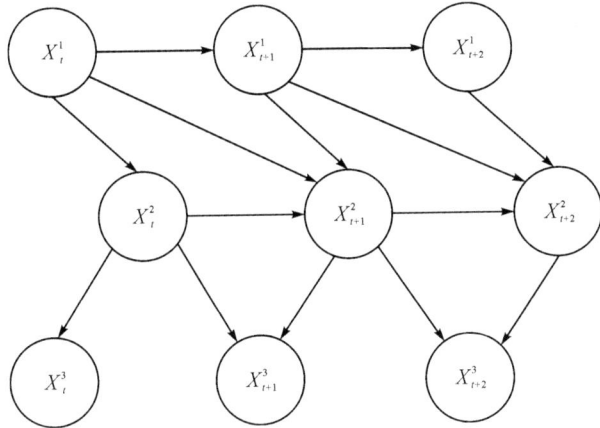

图 7.2　动态贝叶斯网络结构图

随机变量个数。$t = \tau(\tau = 1, 2, \cdots, T)$ 时刻变量集 $X_\tau = \{X_\tau^1, X_\tau^2, \cdots, X_\tau^N\}$ 的联合分布概率为

$$P(X_\tau^1, X_\tau^2, \cdots, X_\tau^N) = \prod_{i=1}^{N} P(X_\tau^i \mid \mathrm{Pa}(X_\tau^i)) \qquad (7-16)$$

DBN 在前 T 个时间片的联合分布概率为

$$P(X_{1:T}^{1:N}) = \prod_{i=1}^{N} P_{B_1}(X_1^i \mid \mathrm{Pa}(X_1^i)) \times \prod_{t=2}^{T} \prod_{i=1}^{N} P_{B_-}(X_t^i \mid \mathrm{Pa}(X_t^i)) \qquad (7-17)$$

7.2.2　动态贝叶斯网络结构的确立和网络参数的学习

DBN 学习是 BN 学习的进一步延伸，包括网络拓扑结构的确立和网络参数的学习两部分内容。DBN 网络拓扑结构的确立服从以下原则：跨时间片的网络拓扑结构必须是有向无环图，不允许生成有向环；对于 t 时刻网络中的节点，必须从 $t-1$ 时间片的网络中选择其父节点。网络节点被选定以后，任何两个节点可能会相互连接，也可能不会相互连接，从而创建一个包含所有潜在网络结构的集合。但是，随着网络节点数目的不断增加，已建立的网络拓扑结构的元素会呈指数增长。可以采用连接概率评估网络结构的综合性能，也就是说连接概率越高，网络结构越完美，能准确地描述数据之间的真实关系。使用 D 表示样本数据，S^k 表示网络结构，则连接概率表示为

$$\log P(D, S^k) = \log P(D \mid S^k) + \log P(S^k) \qquad (7-18)$$

其中，$\log P(D\,|\,S^k)$ 表示样本的后验概率，$\log P(S^k)$ 表示网络结构的先验概率。通过贝叶斯信息论的计算方法计算样本的后验概率：

$$\log P(D\,|\,S^k) \approx \log P(D\,|\,\theta_s, S^k) - \frac{d}{2\log N} \tag{7-19}$$

式中，θ_s 表示网络参数，d 表示 $\log P(D\,|\,\theta_s, S^k)P(\theta_s\,|\,S^k)$ 的维数，N 表示样本总数。

网络先验概率的算法有两种：① 根据已有的经验和知识，创建一个网络拓扑结构的集合，并且假设所有在这个集合内的网络结构先验概率是相同的，而不在这个集合的网络结构先验概率是 0；② 使用贪婪算法、BOA 算法等，寻找最优的网络结构。

对于 DBN 学习在网络结构未知、数据样本不完全的情况，学习算法思路如下：首先添加一个网络节点；然后根据已添加的网络节点，寻找当前最优的网络结构；紧接着进行迭代计算，直到网络不再优化。对于 DBN 网络观测不完全的情况，模型的 log 似然值为

$$L = \sum_m \log P(D_m) = \sum_m \log \sum_h P(H = h, V = D_m) \tag{7-20}$$

式中，H 表示添加的隐藏节点，V 表示观测节点，D_m 表示观测值。对于上述情况，可以选择采用 EM 算法或者梯度算法。EM 算法的主要思想是使用 Jensen 不等式，首先假设等式的一个下界 ε，然后迭代的最大化参数 ε，最终得到一个近似最优解。其中 Jensen 不等式是指对于一个凹函数 f 满足：

$$f\Big(\sum_j \lambda_j y_j\Big) \geqslant \sum_j \lambda_j f(y_j) \tag{7-21}$$

式中，$\sum_j \lambda_j = 1$。由上式函数 f 的平均大于平均 f，且 log 函数是一个凹函数，有

$$
\begin{aligned}
L &= \sum_m \log \sum_h P_\theta(H = h, V_m) \\
&= \sum_m \log \sum_h q(h\,|\,V_m)\frac{P_\theta(H = h, V_m)}{q(h\,|\,V_m)} \\
&\geqslant \sum_m \sum_h q(h\,|\,V_m)\log \frac{P_\theta(H = h, V_m)}{q(h\,|\,V_m)} \\
&= \sum_m \sum_h q(h\,|\,V_m)\log P_\theta(H = h, V_m) - \\
&\quad \sum_m \sum_h q(h\,|\,V_m)\log P_\theta(H = h, V_m)q(h\,|\,V_m)
\end{aligned}
\tag{7-22}
$$

式中，函数 q 满足 $\sum_h q(h \mid V_m) = 1$ 且 $0 \leqslant q(h \mid V_m) \leqslant 1$。最大化下界，对于 q 来说就是 $q(h \mid V_m) = P_\theta(h \mid V_m)$，对于 θ' 来说相当于最大化期望 log 似然度为

$$Q(\theta' \mid \theta) = \sum_m \sum_h P(h \mid V_m, \theta) \log P(h \mid V_m, \theta') \qquad (7-23)$$

选择合适的 θ'，使得 $Q(\theta' \mid \theta) > Q(\theta \mid \theta)$，它保证使得 $P(D \mid \theta') > P(D \mid \theta)$。

贝叶斯网络参数的一般学习方法，也适用于动态贝叶斯参数学习，例如可以使用样本统计算法学习网络的参数。如果可用于参数学习的样本数足够充足，可以用样本数的比值近似代替概率值，为

$$\begin{aligned} P(X_i = x_i \mid X_j = x_j) &= \frac{P(X_i = x_i, X_j = x_j)}{P(X_j = x_j)} \\ &= \frac{\mathrm{Num}(X_i = x_i, X_j = x_j)}{\mathrm{Num}(X_j = x_j)} \end{aligned} \qquad (7-24)$$

式中，$\mathrm{Num}(I)$ 表示满足 I 样本的个数。$I(E)$ 是二值函数，可以为 0，也可以为 1，其中 E 表示一个条件概率事件，如果事件成立则 $I(E)=1$，否则 $I(E)=0$。如果可用于样本参数学习的样本个数不多，可采用 Dirichlet 分布描述参数，每个变量的分布参数如下：

$$P(X_i \mid \varPi(X_i), \boldsymbol{\theta}_i, S^k) = \theta_{ijk} \qquad (7-25)$$

式中，S^k 表示网络拓扑结构，$\boldsymbol{\theta}_i$ 表示 X_i 概率分布参数，是一个矩阵，列向量表示变量 X_i 可能的状态，行向量表示父节点 $\varPi(X_i)$ 的分布；θ_{ijk} 表示网络中所有变量的概率分布，其中 i 遍历所有的节点变量，j 遍历 $\varPi(X_i)$ 的状态，k 遍历 X_i 的状态，即

$$\theta_{ijk} = P(X_i^k \mid \varPi^j(X_i), \boldsymbol{\theta}_i, S^k) \qquad (7-26)$$

学习的目的是最大化后验概率 $P(\boldsymbol{\theta} \mid D, S^k)$，假设各个参数相互独立，有

$$P(\boldsymbol{\theta} \mid D, S^k) = \prod_{i=1}^{|x_i|} \prod_{j=1}^{|\varPi(x_i)|} P(\boldsymbol{\theta}_{ij} \mid D, S^k) \qquad (7-27)$$

7.2.3　动态贝叶斯网络推理

DBN 的推理是解决给定网络结构 S 和网络参数 θ 上的概率计算问题。由于动态贝叶斯网络包含时间维度，相比于贝叶斯网络推理，它的推理内容更为多样化：

（1）滤波（Filtering）：已知一个到时间片 T 的观察序列 $X(1:T)$，求取到当前时间片 T 的系统状态 Y，即 $P(Y^T \mid X(1:T))$。

(2) 预测(Predicting)：已知到时间片 T 的观察序列 $X(1:T)$，求取之后某个时间片 t 的系统状态，即 $P(Y^t|X(1:T))$，$t>T$。

(3) 平滑(Smoothing)：已知到时间片 T 的观察序列，求取之前某个时间片 t 的系统状态，即 $P(Y^t|X(1:T))$，$t<T$。

(4) 最大可能解释(Most Probable Explanation)：给定一个观察序列，找到最可能生成该观察序列的状态，即 $y_{1,T}^* = \mathrm{argmax}P(Y(1:T)|X(1:T))$。

(5) 分类(Classification)：假设故障模式 $C=\{c_i,\quad i=1,2,\cdots,m\}$，依据模型判断观测数据 $x = x_{1:T}^{1:N}$ 符合的故障类型，即

$$c^*(x) = \max\{P(c_i|x)\} \tag{7-28}$$

依据贝叶斯公式，$P(c_i|x) = \dfrac{P(c_i,x)}{P(x)} = \dfrac{P(c_i) \cdot P(x|c_i)}{P(x)}$，由于观测数据 $x = x_{1:T}^{1:N}$ 是已知的，实际计算 $P(x|C)$。

动态贝叶斯网络有两个应用广泛的特例：隐马尔可夫模型(HMM)以及卡尔曼滤波模型(KFM)，其中 HMM 模型的变量是离散值，而 KFM 的变量是连续值。本节将重点放在离散动态贝叶斯网络上。在对 DBN 推导算法中，可以根据 DBN 的结构特性选择不同的算法。假如 DBN 的隐状态变量是离散的，可以先把 DBN 模型转换成 HMM 模型，然后应用 HMM 的前向、后向算法对 DBN 进行推导。DBN 的推理算法可以看作把 BN 基本推理算法作为自己的子推理程序。精确的 DBN 推理算法有前向后向光滑算法、分解树算法、边沿算法、卡尔曼滤波及光滑等。

维特比(Viterbi)解码算法是一个通用的解码算法，采用 Viterbi 算法计算到当前时刻为止系统的最优状态序列，也就是已知观测数据 $x_{1:t}$，计算其最大可能解释，即计算 $y_{1:t}^* = \arg\max\limits_{y(1:t)} P(y_{1:t}|x_{1:t})$。Viterbi 解码算法实际包括前向和后向两个推理过程，在算法的前向推理中：

$$\delta_t(j) = \max_i\{P(y_t=j|y_{t-1}=i) \times \delta_{t-1}(i)\} \tag{7-29}$$

其中，

$$\delta_{t-1}(i) = \max_{x(1:t-1)} P(y_1,y_2,\cdots,y_{t-1},y_t=i|x_{1:t}) \tag{7-30}$$

在后向推理计算中，

$$y_t^* = \phi_{t+1}(y_{t+1}^*) \tag{7-31}$$

其中，

$$\psi_t(j) = \arg \max_i P(y_t = j \mid y_{t+1} = i)\delta_{t+1}(i) \tag{7-32}$$

7.2.4　特征参数选择

首先计算故障样本的时域、频域和时频域特征参数，然后通过属性约简的方式去除冗余的特征，选择最能区分故障类型的故障特征进行网络拓扑结构的建立，减少冗余特征，降低模型的复杂程度。消除冗余特征的一种方法是利用粗糙集中的属性约简，这是一种在知识库中消除冗余、寻找与原始属性信息相同的属性子集的方法。将特征和故障分别作为决策系统 S 的条件属性和决策属性，映射 f 描述故障与特征之间的关系。设 S 为决策系统，其差别矩阵 $\boldsymbol{M}(S) = (\alpha(u_i, u_j))_{n \times n}$ 定义如下：

$$\alpha(u_i, u_j) = \begin{cases} \{c \mid c \in C \land c(u_i) \neq c(u_j)\}, & d(u_i) \neq d(u_j) \\ \varnothing, & \text{其他} \end{cases} \tag{7-33}$$

其中，C 表示条件属性，D 表示决策属性，$c \in C$，$d \in D$，$c(u)$、$d(u)$ 分别表示对象 u 在 c 和 d 上的值。$\boldsymbol{M}(S)$ 是一个对称矩阵，其非空元素 $\alpha(u_i, u_j)$ 代表必要条件属性 u_i 和 u_j 的差异；$\alpha(u_i, u_j) = \varnothing$ 意味着对象 u_i 和 u_j 是无差别的。定义了决策系统 S 的一个可分辨函数 $f(S)$。

$$f(S) = \land \{ \lor c \mid c \in \alpha(u_i, u_j), \quad \alpha(u_i, u_j) \neq \varnothing \} \tag{7-34}$$

可分辨函数 $f(S)$ 包含决策系统中所有必要的条件属性，$f(S)$ 的最小析取范式中的每个析取形式都是条件属性的子集，这些条件属性具有与原始属性相同的对对象进行分类的能力，因此利用粗糙集中的属性约简的方法可消除先验知识中的冗余。

7.2.5　网络参数的学习

DBN 网络结构和参数的学习是网络建立的核心问题，本文网络采用分层学习的方法对网络的结构和参数进行学习，网络结构如图 7.3 所示。

对于 DBN 第一层网络拓扑结构的学习，采用基于依赖分析的方法建立网络拓扑结构，采用贝叶斯统计学的方法进行网络参数的学习。

对于第二层网络，DBN 的参数 $\theta = \{A, \boldsymbol{B}\}$ 包括两部分，其中 A 表示隐状态 y 的初始分布，$\boldsymbol{B}$ 表示隐状态 y 的状态转移矩阵。

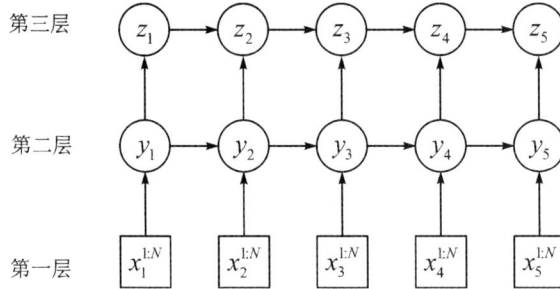

图 7.3　DBN 故障诊断模型结构图

若已知观测训练序列 X 和结构 S，在 t 时刻隐含状态变量 Y 从状态 i 转移到状态 j 的条件概率为

$$\xi_t(i,j) = P(y_t = i, \ y_{t+1} = j \,|\, X,S)$$
$$= \frac{P(y_t = i, \ y_{t+1} = j, \ X \,|\, S)}{P(X \,|\, S)} \quad\quad (7-35)$$

在 t 时刻隐含状态变量 Y 是状态 i 条件概率为

$$\zeta_t(i) = P(y_t = i \,|\, X,S) = \sum_{j=1}^{n} \xi_t(i,j) \quad\quad (7-36)$$

定义 $\sum_{i=1:T} \zeta(i)$ 为在已知观测数据 X 的情况下，Y 为状态 i 的期望值；$\sum_{t=1:T} \xi_t(i,j)$ 表示在已知观测数据 X 的情况下，隐状态 $y_t = i$ 转移到 $y_{t+1} = j$ 时的期望值。

状态变量 $y_{1:T}$ 是隐含的，采用 EM 算法思想，用期望统计值代替实际的统计值，计算参数 θ。期望的统计值来自 DBN 的参数 θ，DBN 的参数 θ 又是根据期望统计值得到的，因此 DBN 网络第二层参数的学习是迭代的，算法流程如图 7.4 所示。

具体过程如下：

（1）Expectation 过程。首先假设一个初始的模型参数 θ，然后进行迭代计算，第 k 次的迭代过程为

$$E\big[N(i,j) \,|\, \theta^k\big] = E\Big[\sum_{i=2}^{T} I(y_{t-1} = i, y_t = j) \,\big|\, x_{1:T}\Big]$$
$$= \sum_{i=2}^{T} P(y_{t-1} = i, \ y_t = j) \,|\, x_{1:T}) \quad\quad (7-37)$$

（2）Maximization 过程。使用给定的标记数据，使得模型的 log 似然值达到最大，即 $\theta^{k+1} = \arg\max_{\lambda} Q(\theta \,|\, \theta^k)$。其中，$\lambda$ 为计算次数，表示通过 λ 次计算，使得似然函数值

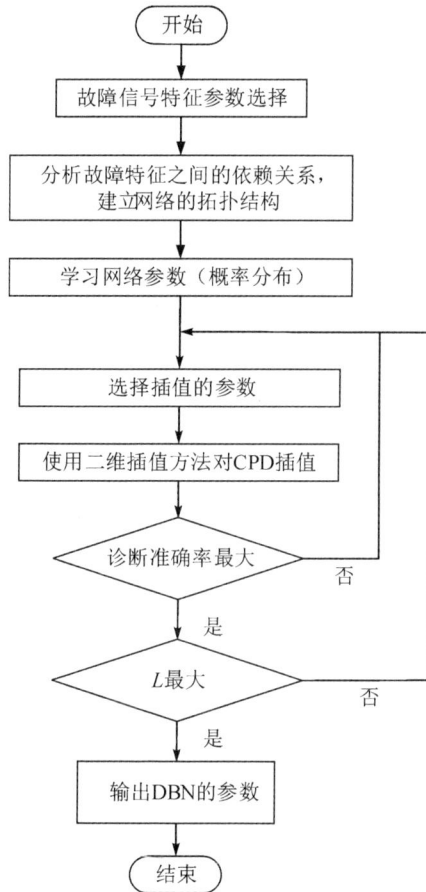

图 7.4　DBN 网络学习流程图

达到最大，λ 数值由所选的训练样本确定，选择不同的训练样本，值有差异；函数 Q 是一个辅助函数，有

$$Q(\theta | \theta^k) = E[P(x_{1:T}, y_{1:T} | \theta) | \theta^k] \tag{7-38}$$

应用经典的 EM 算法对网络参数 θ 进行估计 $\hat{\theta} = \langle \hat{A}, \hat{B} \rangle$，结果如下：

$$\hat{a}_i = \zeta_1(i) \tag{7-39}$$

$$\hat{b}_{i,j} = \frac{\sum\limits_{t=1}^{T-1} \xi_t(i,j)}{\sum\limits_{t=1}^{T-1} \zeta_t(i)} \tag{7-40}$$

对于网络的第三层，根据网络的隐藏状态推导出反映系统状态的序列。

本节维特比(Viterbi)解码算法如下。

定义 $\delta_t(i)$ 为在时刻 t 隐藏状态为 i 所有可能的解释 $i_1,i_2,\cdots,i_t$ 中的概率最大值。

$$\delta_t(i) = \max_{i_1,i_2,\cdots,i_{t-1}} P(i_t=i,i_1,i_2,\cdots,i_{t-1},o_t,o_{t-1},\cdots,o_1\mid S), i=1,2,\cdots,N \quad (7-41)$$

$$\delta_{t+1}(i) = \max_{i_1,i_2,\cdots,i_t} P(i_{t+1}=i,i_1,i_2,\cdots,i_t,o_{t+1},o_t,\cdots,o_1\mid S)$$

$$= \max_{j=1,N}[\delta_t(j)a_{ji}]b_i(o_{t+1}) \quad (7-42)$$

定义在时刻 t 隐藏状态为 i 的所有单个状态转移路径 $(i_1,i_2,\cdots,i_{t-1},i_t)$ 中的最大转移路径中，第 $t-1$ 个隐藏状态为 $\Psi_t(i)$：

$$\Psi_t(i) = \underset{j=1,N}{\mathrm{argmax}}[\delta_{t-1}(j)a_{ji}] \quad (7-43)$$

有了上述两个局部状态，我们就可以从时刻 $t=1$ 一直递推到时刻 T，然后利用 $\Psi_t(i)$ 记录的前一个最可能的状态节点展开反向推导，直到找到最优的隐藏状态序列。

但维特比算法求出的最优状态序列并不一定是描述系统状态的最优序列，采用指数加权移动平均法(EWMA)的方法对状态序列进行优化，最后做出诊断决策。

所谓的指数加权移动平均法意味着每个值的加权系数随时间呈指数下降。该值与当前时刻距离越近，加权系数越大。与传统的平均方法相比，指数加权移动平均法有如下优点：一方面该方法不必存储所有的过去值，节省运算和存储空间；另一方面，该方法大大减少了计算量。

EWMA算法如下：

$$z_t = \alpha \cdot z_{t-1} + (1-\alpha)\cdot y_t \quad (7-44)$$

其中，y_t 是 t 时刻的观察值；z_t 是 t 时刻的 EWMA 值；系数 α 表示权值下降速度，α 值越小权值下降速度越快。

在 $t=0$ 时刻，初始化 $z_0=0$。EWMA 表达式归纳为

$$z_t = (1-\alpha)\cdot \sum_{i=1,t}(\alpha^{t-i}\cdot y_i) \quad (7-45)$$

数值的加权系数随着时间呈指数下降。在数学中一般会以 e^{-1} 来作为一个临界值，小于该值的加权系数的值不考虑。

7.3　智能故障诊断实例

仿真实验平台为 Windows10 系统，处理器为 i52.4 GHz，平台软件为 Matlab

R2016a，实验数据来源于硕士论文《基于动态贝叶斯网络的轴承故障诊断方法研究》试验数据集。实验平台如图 7.5 所示，实验测试台平台由交流电动机、电动机转速控制器、转轴、支撑轴承、液压加载系统和测试轴承等部分组成。实验中设置的采样频率为 25.6 kHz，采样间隔为 1 min，每次采样时长为 1.28 s。

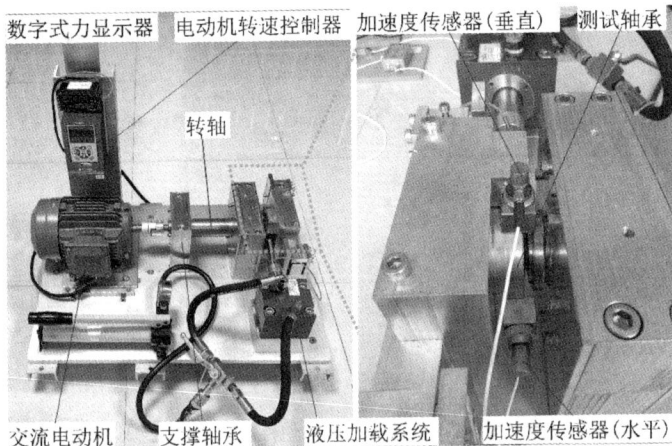

图 7.5　系统实验测试平台

所选取的原始实验数据包含实验系统正常状态和三种不同类型的故障状态，分别是内圈故障、外圈故障和滚动体故障。上述每一种状态分别定义为正常状态、故障类型 1、故障类型 2 和故障类型 3。每种状态选择 160 个样本，每个样本包含相邻 10 个采样周期的数据，选取其中 100 个样本作为训练集，60 个样本作为测试集，具体如表 7.1 所示。

表 7.1　实 验 数 据

类型	样本总数	故障位置
正常	160	无故障
类型 1	160	内圈
类型 2	160	外圈
类型 3	160	保持架

采集的原始加速度信号如图 7.6 所示，横坐标表示采样点，纵坐标表示幅值大小，单位是重力加速度 g。

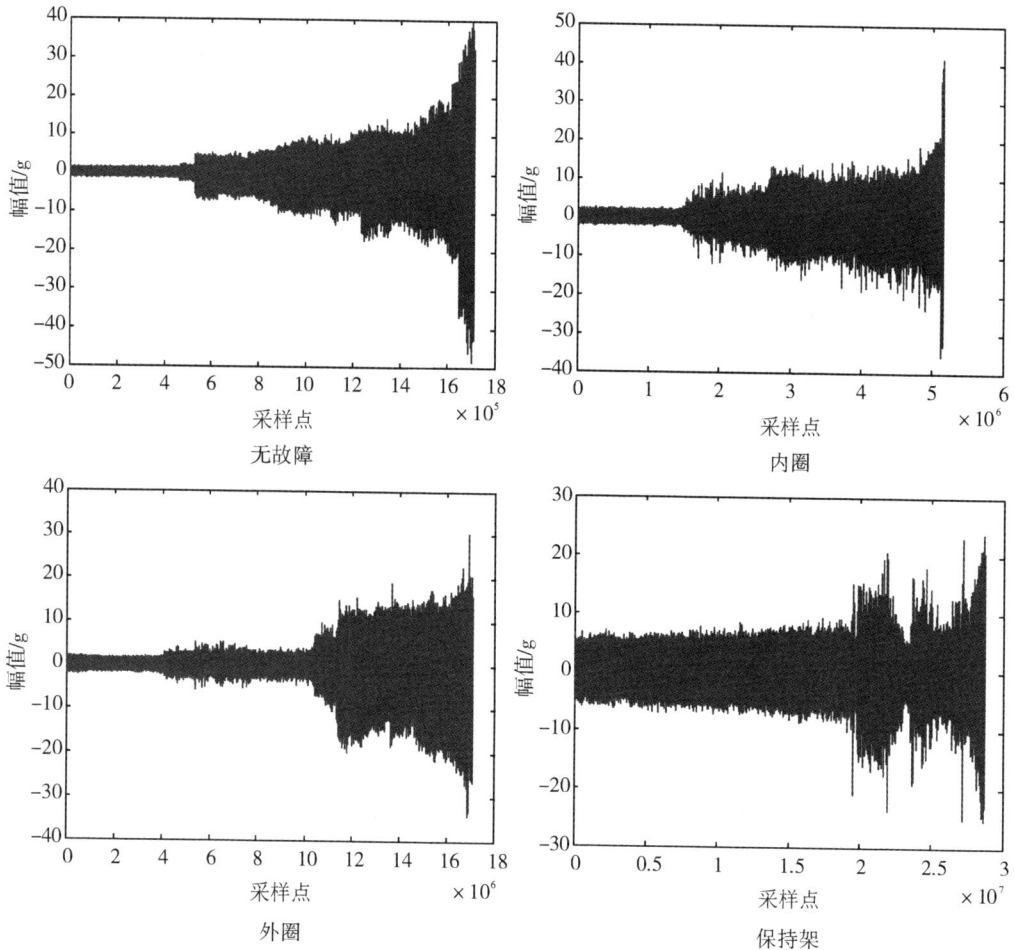

图 7.6　状态初始加速度信号

通过属性约简后保留 9 个特征属性来描述故障。首先根据依赖分析的算法,建立动态贝叶斯网络拓扑的第一层;在实验系统不同类型故障以及同种类型故障的不同发展时期,故障特征节点之间的依赖关系会发生改变,采用依赖分析的方法自适应建立网络拓扑结构,动态地表示故障发生时各故障特征的相关关系。

图 7.7 是内圈故障在不同故障阶段(第一阶段和第二阶段)故障特征属性的条件依赖关系拓扑结构图,表明在滚动轴承内圈故障的不同发展时期,特征属性的依赖关系会发生变化。动态贝叶斯网络拓扑结构建立以后,使用标记数据统计计算故障症状与故障隐状态的条件概率分布表。

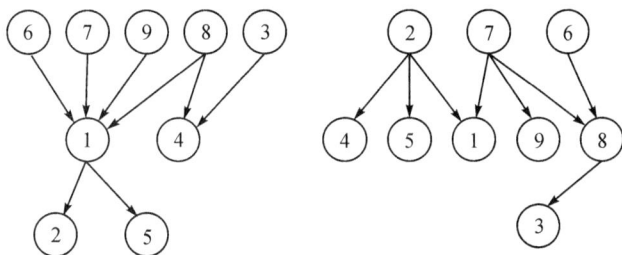

图 7.7　故障特征属性的条件依赖关系拓扑结构

　　网络的第二层根据第一层的结果，判断故障所处的故障阶段，生成表示故障状态的隐状态序列，隐状态序列中包含故障前后时间片之间的影响，描述了故障的发展。隐状态之间的状态转移矩阵采用 EM 算法对转移矩阵进行最大似然估计。

　　对于网络的第三层，根据网络的隐藏状态推导出反映系统状态的序列。采用 Viterbi 算法计算到当前时刻为止系统的最优状态序列，然后对输出序列进行指数加权移动平均，进一步优化状态序列，最终根据优化的状态序列进行故障诊断决策。

　　表 7.2 表示 DBN 方法故障监测诊断的混淆矩阵，其中每种类型各选择 60 个测试样本数据。对于矩阵的前三行，表示每种状态都可以准确识别；矩阵的第四行表示 60 个样本数据有 57 个样本被正确识别，而将 1 个故障样本识别为正常，将 2 个故障样本识别为分类错误。

表 7.2　DBN 方法故障诊断的混淆矩阵

实际	诊　断			
	正常	类型 1	类型 2	类型 3
正常	60	0	0	0
类型 1	0	60	0	0
类型 2	0	0	60	0
类型 3	1	2	0	57

　　图 7.8 是测试数据分别使用 BN、CNN 和 DBN 方法进行故障诊断时的诊断准确率。表明使用 DBN 方法比使用 BN 方法有更高的故障诊断准确率，使用 BN 方法和

CNN 方法的平均诊断准确率为 97.08％、97.00％，DBN 方法的平均故障诊断准确率为 98.75％，平均诊断准确率分别提高了 1.67 和 1.75 个百分点。

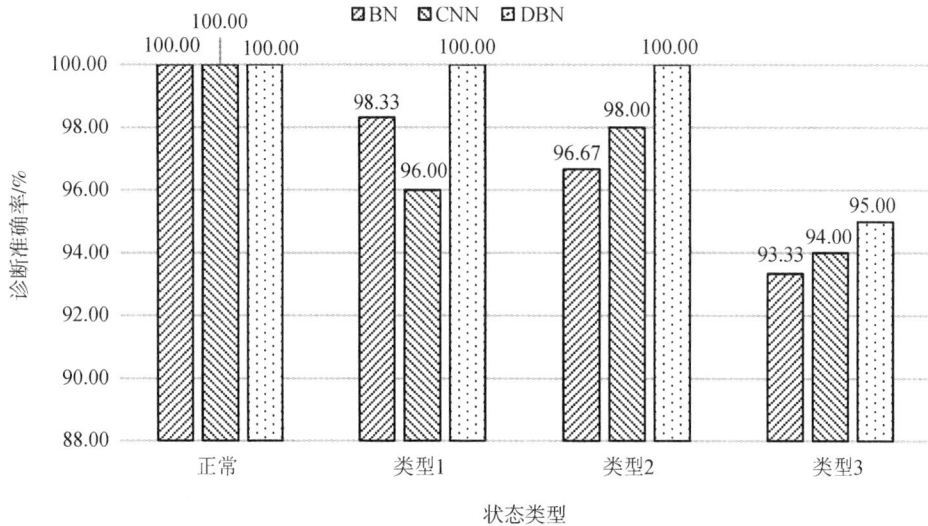

图 7.8　故障准确率情况图

引入故障诊断率（Detection Rate，DR）和故障误报警率（False Alarm Rate，FAR）这两个系统评价指标对网络系统进行评价，对应的方程如下：

$$DR = \frac{TN}{TN+FP} \qquad (7-46)$$

$$FAR = \frac{FN}{FN+TP} \qquad (7-47)$$

式中，TN 表示故障状态被诊断为故障状态，FP 表示故障状态被诊断为正常状态，FN 表示正常状态被诊断为故障状态，TP 表示正常状态被诊断为正常状态。

最后计算得到各方法诊断结果如表 7.3 所示。

表 7.3　各方法 DR 和 FAR 的比较

方法	SVM	BP	VMD+CNN	BN	本文方法
DR/(％)	88.50	82.50	97.00	99.58	99.58
FAR/(％)	11.50	21.50	0.00	0.00	0.00

　　由表 7.3 可知，本文方法可以有效识别系统的正常状态和故障状态，故障诊断率为 99.58%，而传统的 SVM 和 BP 网络的 DR 值为 88.50% 和 82.50% 远低于本文方法；并且本文方法不会将正常状态诊断为故障状态，误诊率为 0，CNN 与 BN 方法的误诊率持平，而基于传统的 SVM 和 BP 网络方法误诊率较高；综合图 7.8，本文方法不仅有较高的故障诊断率，并且可以对故障状态进行进一步分类，能够精准实现系统的故障诊断。

第8章　基于本体的工程车辆液压系统智能故障诊断技术

保障工程车辆液压系统作业安全，降低维护费用，其中重要的一项措施便是对液压系统进行维护和故障诊断。伴随技术的持续发展，实现对液压系统现有知识的整合利用已然成为优化维护和智能诊断的重要举措。系统维护在知识的引导下能够实现维护知识的整合和诊断流程的优化，降低维护工作的复杂度，使维护效率提升；故障诊断在知识的引导下能够融合各个企业的诊断经验，借助知识推理可自动生成诊断策略，帮助工作人员完成维修任务。实现基于知识的系统维护和故障诊断首先需要完成知识管理。然而，液压系统的知识存在于不同的企业部门，具有结构异构的特征，原有的一些手段不易实现有效地知识融合。为真正提升工程车辆液压系统的知识管理水平，使液压系统优化维护和智能诊断得到相应的知识保障，将本体引入知识的表示及检索中，本章主要对工程车辆液压系统的知识管理、推理和故障诊断进行深入研究。

8.1　基于本体的液压系统故障知识表示

针对液压系统知识不易利用的情况，应首先解决以下 4 个方面：第一，以何种方式表示异构知识；第二，以何种方式克服语义异构，达成一致理解；第三，以何种方式构建整体的知识组织构架；第四，以何种方式融合知识，消除共用障碍。本体是一种结构化的知识表示方法，能够清晰准确地描述知识，可为工程车辆液压系统故障推理提供良好的探索思路。本体的本质是知识的共享和重用，通过规范领域内的概念和关系，为信息系统之间的深层互访提供了良好的途径。

8.1.1　本体的概念

本体(Ontology)来源于哲学,意为"对客观事物的系统性描述"。本体用来描述事物存在的本质,用来解释物体是什么、观念是什么、它们之间有何联系。亚里士多德曾借助本体思想来描述事物的客观存在,笛卡尔则开创了哲学研究本体本质的先河。当前,本体在人工智能领域迅速发展,很多学者将其用于构建真实世界的知识模型。

随着本体研究的不断深入,本体的概念也逐渐丰富起来,目前广泛公认的本体定义由 Gruber 给出,即本体是概念模型的明确的规范说明。根据这个定义,本体具有明确性、形式化、概念化和共享性这 4 点特性。尽管目前在各个领域中已经存在很多本体,但仍没有一个标准的、统一的本体构建方法。许多研究人员从实践的角度出发提出了一些构建本体的标准,其中最具影响的是 Gruber 的 5 个基本原则,即明确性与客观性、完全性、一致性、最大单调可扩展性及最小承诺。虽然没有统一的方法,但是研究人员对构建领域本体达成普遍共识,即本体的构建需要领域专家、知识工程专家以及相关的使用人员的共同参与,并且本体的构建不是一蹴而就的,而是一个迭代的过程。同时,已经建立的领域知识文档、数据库等都可以作为构建新本体的参考,基于这些已有的领域知识,可以为新本体的构建提供基础。

8.1.2　多源异构知识组织方法

本体为需要实现共享领域知识的人们提供了一组公共的可共享的形式化领域概念,相比传统手段具有以下特点:本体提供了对领域知识的共同理解和描述,采用了易被计算机处理的逻辑和方法,能更好地满足网络的需要,其描述的知识可以及时补充更新,还具有一定的推理能力,能推出新的知识。鉴于液压系统故障诊断知识存在着多源异构、不易利用的情况,将尝试引入本体予以解决。目前存在的实际困难有:工程车辆液压系统各部件的生产企业不同,在知识的表达和存储方式上也互不一致;工程车辆液压系统故障知识结构形式繁多、结构互异,无法统一处理;知识源互不兼容,缺乏交互机制,不能做到全局检索。面对工程车辆液压系统知识多源异构的现状,应首先设计本体融合策略,目前有以下 3 种策略如图 8.1 所示。

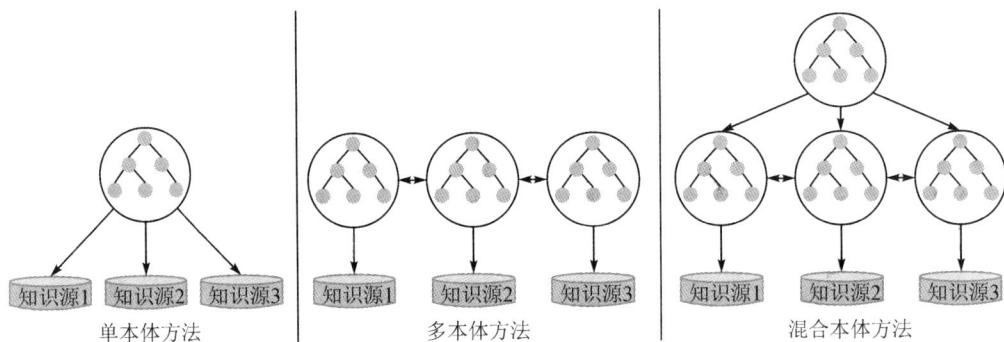

图 8.1　使用本体集成多源异构信息的方法

单本体方法结构简单，但缺点也十分明显：结构庞大，维护不便，当某一数据结构发生改变时，全局本体也需要做出相应调整。

多本体方法建立本体相对容易，局部本体独立构建且互不影响，有效降低了本体结构的复杂度。不过，由于缺乏公共词汇库，各局部本体之间映射复杂，有新知识源添加时，映射重构将较为烦琐。

混合本体综合了前两种方法，具有前两种的优点，各局部本体之间易于互操作，也不需要对全局本体进行过多修改，同时全局本体还可以作为全局查询的依据，从而支持不同视角的领域知识集成。故采用混合本体方法作为融合策略。

8.1.3　故障诊断知识获取

液压系统的故障诊断知识可以从很多方面获取，包括诊断案例、专家经验以及FMECA 等等。其中，FMECA 包括了故障现象、故障原因、故障检测方法等多种可以帮助提升泵车液压系统故障诊断水平的知识。

FMECA 由故障模式影响分析（Failure Modes and Effects Analys，FMEA）和危害性分析（Criticality Analys，CA）两部分构成。前者用于评估故障发生时对设备、人员等方面带来的影响，后者用于定性或定量分析故障对设备的整体影响。

使用 FMECA 方法分析泵车液压系统的步骤如下：

（1）广泛收集设备的各项资料并定义系统的名称。

（2）参照系统的特点，总结其硬件可能的全部故障模式。

（3）综合考虑系统的内外因素，借助故障模式得出原因、发生率、影响概率等。

（4）将故障带来的影响以层次分类，并标注故障的严重程度。

（5）参照故障原因、类别等依据，得出用于检测故障的策略、思路和可行性。

（6）制定相应的应对方案来减弱或排除故障影响。

（7）对所有故障模式的影响程度进行等级评定，通过对影响程度排序进一步实现被忽视环节和重要项目的查找。

（8）判断是否需要计划改进，若需要改进则从步骤（1）重新开始分析，否则输出FMECA 报告。

经过以上步骤，最终形成表 8.1 所示的报告。

表 8.1　FMECA 报表内容

内　　容	说　　明
设备名称	记录设备部件的名称
故障模式	记录所有潜在的故障
故障原因	记录全部故障原因
局部影响	某故障对本身或局部功能状态的影响
深层影响	某故障对上一层部件功能状态的影响
最终影响	某故障对顶层部件功能状态的影响
故障模式比率 α_j	第 j 种故障模式发生次数与此设备单元所有可能的故障模式数的比率
故障影响概率 β_j	第 j 种故障模式最终影响导致整体设备出现某严酷度等级的条件概率
失效率 λ	任务阶段内的故障率

8.1.4　构建液压系统知识本体

建立知识本体，就是在液压系统故障诊断这一背景下对知识源做出规范化的描述，实现多源异构知识的有效融合。全局本体作为公共语义模型，可以使用户在检索时无需顾及知识异构的情况。对其构建时，概念化、实现等步骤是开发中的难点。本体的概念化是使用概念模型来构建领域知识，需要建立包括本体的类、属性以及个体等在内的完整的术语集合。泵车液压系统的故障诊断领域的基本概念有故障现象、故障原因、诊断方法等，将其转化为全局本体的类，结果如表 8.2 所示。

表 8.2　全局本体的基本类

领域术语	本　体　类
设备硬件	EquipmentComponent
故障	Failure
故障现象	FailurePhenomenon
故障原因	FailureCause
诊断方法	DiagnosisMethod
维护措施	MaintenanceMeasure

根据故障的能力情况可得到图 8.2 所示的鱼骨图。例如"故障发生时的现象是什么？"的问题涉及故障和故障现象，二者可使用对象属性进行联系；再如"故障发生在哪儿？"的问题涉及故障和设备硬件，二者可借助专有属性进行联系。得到全部的联系后，即有类的对象属性定义，如表 8.3 所示。

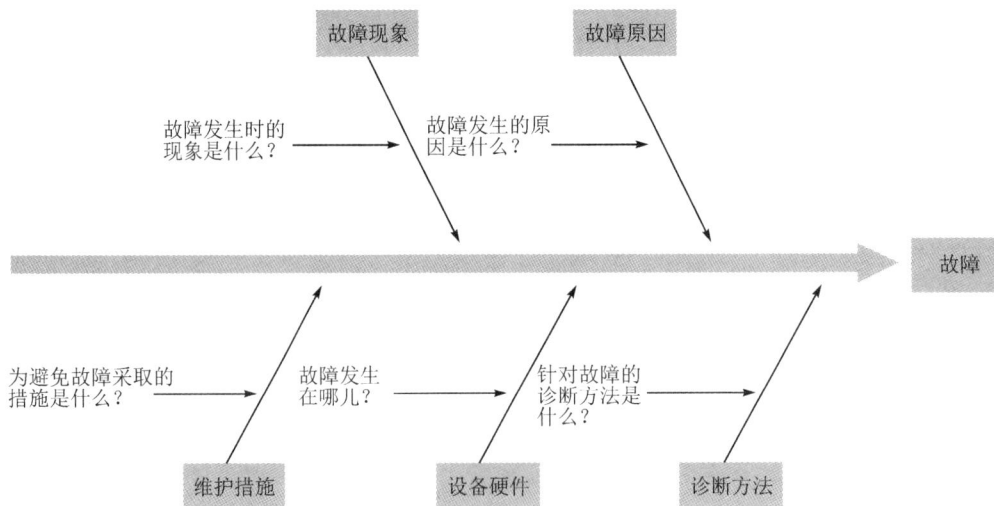

图 8.2　设备维护和故障诊断能力问题的鱼骨图

表 8.3　全局本体的主要对象属性

对象属性	定义域	值　　域	注　　释
becauseOf	Failure	FailureCause	故障原因……
theEffectIs	Failure	FailurePhenomenon	故障影响……
theDiagnosisMethodIs	Failure	DiagnosisMethod	诊断方法……
MaintenanceMeasureIs	Failure	MaintenanceMeasure	维护措施……
happenedAt	Failure	EquipmentComponent	发生在……

目前有多种不同的本体语言,使用起来各有千秋,不过 W3C(World Wide Web Consortium)最新的标准为 OWL,故此处采用 OWL 作为本体语言对本体进行编码,并在 Protégé 软件环境下进行开发。编码结束后,还需要进行校验,以确保知识表示准确无误。

根据工程车辆液压系统不同知识源的具体情况,需要对局部本体进行单独编译或修改,逐步完成整个液压系统故障诊断领域的知识表示。对于简单的设备,采取直接构建本体的方法尚可,然而泵车液压系统其零部件繁多、结构庞杂,若依旧采用此法描述其效率将十分低下。因此,应对泵车液压系统的结构采用某种方法进行分解,以降低构建本体的复杂程度。

在完成液压系统的本体模型构建后,下一步便需要提取各类知识源当中的各型信息,按照一定的格式丰富到本体结构中去,使本体真正起到管理知识的基础作用。

不同的知识源存储知识的差异很大,故应有针对性地采取不同措施将知识转化并提取到本体当中去。存储于关系型数据库中的数据,是知识源结构最简单常见的情形,提取时将数据库的关系、元组、属性、域等元素映射到本体即可;对于像资料库、WEB 文档等虽相对集中但知识结构无法统一的情况,不能采用类似数据库整体导入本体的方式,应从知识源的根节点开始,逐层地按照知识顺序将知识抽取到本体中去,对其中非数值类型的知识建立编码,使知识结构化;而像文本信息、图片信息、多媒体信息等完全非结构化的数据,则采用有监督的机器学习的方式以提取术语、掌握概念、掌握关系和学习实例 4 个循环步骤进行,最后将确定的关系和概念填到本体模型中。

8.1.5　液压系统本体知识间的映射

从维修人员的角度考虑，应该可以一键查询搜索需要的结果，无需关注异构知识源是如何分布的，而这首先需要建立工程车辆液压系统知识本体之间的映射。考虑到知识的多源异构现象普遍存在，相同含义的概念必然存在名称有别的情况，源本体的实例可以借此映射至目标本体上以建立语义级的概念联系。

设源本体 O^s，可表示为 $O^s = \{c_i^s \mid i \in N^s\}$，目标本体 O^p，可表示为 $O^p = \{c_j^D \mid j \in N^D\}$。其中，$c_i^s$、$c_j^D$ 分别表示源本体和目标本体的第 i 个、第 j 个概念。操作流程如图 8.3 所示。在源本体和目标本体中各取一个概念，分别计算二者的各种相似度，如至少有一个相似度值大于对应的阈值 λ，便将二者填入到结果的集合中。循环枚举并计算两个本体

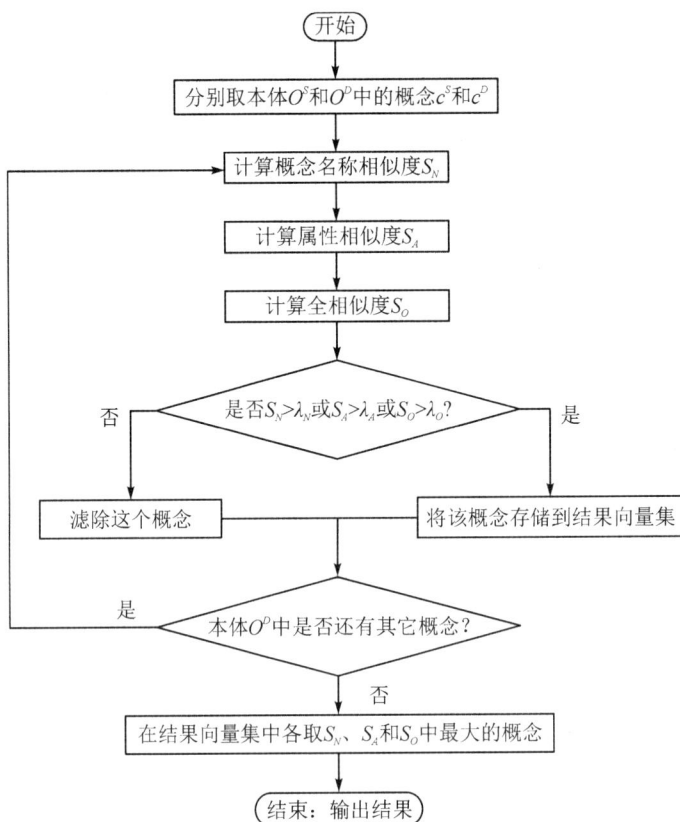

图 8.3　本体映射流程图

中的全部概念直至为空，取结果中 S_N、S_A 和 S_O 最大值对应的概念对建立映射关系。

8.2　基于本体的液压系统故障推理研究

工程车辆液压系统元部件与故障之间的关系并不直观，事实上，人们对工程车辆液压系统故障的认识不精确、不完整，正是由于故障的随机、模糊以及现象无法充分暴露等特性，使知识和证据都带有不确定性的属性。若继续以传统思路进行精确处理，往往会使故障本来的不确定性被划归为确定性，在本不存在的属性类别上人为划定界限，这无疑会降低故障推理的准确性，从而丧失其意义。

8.2.1　不确定性推理概述

推理指的是由已知的条件事实出发，运用规则严谨有序地推出结论的过程。推理的顺利执行，离不开条件事实和知识两个必要因素。其中，事实又被称作证据，是推理的重要支撑和起始；知识使推理能够进行，且按一定的次序到达最终目标。

准确地说，不确定性推理指的是以不确定性知识为支撑，以不确定性初始证据为起点，进而得到某种程度上不确定却近乎乃至合理的结论的逻辑思维过程。不确定性推理建立在非经典逻辑基础之上，是对模糊知识的处理和运用。

当前，不确定性推理领域存在着两种不同的研究思路。一种思路是在给出更新结论不确定性的算法的基础上，将不确定的证据、知识分别与某度量标准对应起来，进而得到相应的不确定性推理模型。通常情况下，无论这类方法使用怎样的控制手段，其结果均不变化，被称为模型方法。另一思路是将不确定性放在控制策略一级处理，通过设置策略来限制或降低其对系统的影响。这类方法没有通用模型，控制策略的优劣直接影响执行效果的好坏，被称为控制方法。

工程车辆液压系统的各型故障呈现出一定的比例分布。依据实际情况，适合采用基于概率论的数值方法进行不确定性推理。数值方法属于定量处理不确定性的方法，同时也是模型方法的一种，当前对其的研究和应用都较为深入和广泛。具体而言，此类方法包括概率法、主观 Byaes 法、可信度法和 D-S 证据理论等。为方便描述，下文使用 H 代表结论，E 代表前提条件。

概率法分为后件驱动和前件驱动两种，前者需要给出 H_i 的先验概率 $P(H_i)$ 以及 E_j 的条件概率 $P(E_j/H_i)$，后者则需要给出在 E 出现的情况下 H 的条件概率 $P(H/E)$。相比之下，主观 Byaes 法用到的是 $P(E/H)$ 和 $P(E/\overline{H})$。受泵车液压系统故障实际限制，无法取得概率法或主观 Byaes 法需要的上述统计数据。而 D-S 证据理论中应构造一个概率分配函数，但此函数在液压系统故障诊断领域建模困难。综合考虑，使用可信度法作为故障推理引擎的理论基础。

8.2.2　基于可信度方法的故障推理

可信度法属于不确定性推理方法，是 Stanford 大学肖特等人于 1975 年将确定性理论与概率论相结合而提出的，在血液病专家诊断系统中得到了初次实际应用并取得了令人满意的效果。尽管该法理论推导并不十分严格，但因其简单有效，并能在诸多领域得到令人满意的结果，故而还是受到了广大科研人员的关注，且已有相关的专家系统被开发出来。

1. 可信度概念

在长期的生产生活过程中，人们掌握了大量的实践经验，往往会使用这些经验对新事物、新问题的真伪程度作出判断，相信其为真的程度就称之为可信度。其虽有较浓的主观色彩，但考虑到故障推理所面对的是结构复杂、情况多样的泵车液压系统，其故障模型难于使用数学精确描述，获取先验和条件概率也不太容易，此外，领域专家拥有可靠的实践经验和丰富的专业知识，对领域内的知识确定其可信度也并非难事，故使用此法来研究知识和证据的不确定性为可行之举。

2. C-F 模型

C-F 模型是以可信度理论进行不确定性推理的基本方法，其他基于可信度的方法皆以此为基础发展演变而来。

1）不确定性知识的表示

在 C-F 模型中，知识以产生式规则表示，一般形式为

$$\text{if } E \text{ then } H\,(\mathrm{CF}(H,E))$$

其中，E 为知识的前提条件，包括简单条件或由多个简单条件组成的复合条件；H 为结

论,包括单一结论或多重结论;$\mathrm{CF}(H,E)$ 为这一知识的可信度因子,$\mathrm{CF}(H,E)$ 的取值区间为 $[-1,1]$,表示当 E 对应的证据为真时表明 H 为真的程度,其值越大,表明结论 H 为真的程度就越高。

C-F 模型中,$\mathrm{CF}(H,E)$ 被定义为

$$\mathrm{CF}(H,E) = \mathrm{MB}(H,E) - \mathrm{MD}(H,E) \tag{8-1}$$

其中,$\mathrm{MB}(H,E)$ 表示由于出现与 E 匹配的证据而信任假设 H 出现的程度,可用概率表示为

$$\mathrm{MB}(H,E) = \frac{P(H \mid E) - P(H)}{1 - P(H)} \quad (\text{当 } P(H \mid E) > P(H) \text{ 时}) \tag{8-2}$$

$\mathrm{MD}(H,E)$ 表示由于出现与 E 匹配的证据而不信任假设 H 出现的程度,可用概率表示为

$$\mathrm{MD}(H,E) = \frac{P(H) - P(H \mid E)}{P(H)} \quad (\text{当 } P(H \mid E) < P(H) \text{ 时}) \tag{8-3}$$

式(8-2)和式(8-3)中,$P(H)$ 为 H 的先验概率,$P(H \mid E)$ 为 E 为真时 H 的条件概率。事实上,同一证据无法既增强对 H 的信任,又降低对 H 的信任,故 MB、MD 满足互斥律,即当 $\mathrm{MB}(H,E) > 0$ 时,$\mathrm{MD}(H,E) = 0$;当 $\mathrm{MD}(H,E) > 0$ 时,$\mathrm{MB}(H,E) = 0$。因此,CF 可表示为

$$
\begin{aligned}
\mathrm{CF}(H,E) &= \mathrm{MB}(H,E) - \mathrm{MD}(H,E) \\
&= \begin{cases}
\mathrm{MB}(H,E) = \dfrac{P(H \mid E) - P(H)}{1 - P(H)} & P(H \mid E) > P(H) \\[3mm]
-\mathrm{MD}(H,E) = \dfrac{P(H \mid E) - P(H)}{P(H)} & P(H \mid E) < P(H) \\[3mm]
0 & P(H \mid E) = P(H)
\end{cases}
\end{aligned}
\tag{8-4}
$$

由式(8-4)可以看出,$\mathrm{CF}(H,E) > 0$ 时,表示由于证据的出现 H 为真的可信度增加;$\mathrm{CF}(H,E) < 0$ 时,表示由于证据的出现 H 为真的可信度降低。

实际应用时,$\mathrm{CF}(H,E)$ 的值往往直接由领域专家提供,基本原则是:若由于相应证据的出现增加 H 为真的可信度,就令 $\mathrm{CF}(H,E) > 0$,越是表明 H 为真,$\mathrm{CF}(H,E)$ 的值就越大;反之,令 $\mathrm{CF}(H,E) < 0$,越是表明 H 为假,$\mathrm{CF}(H,E)$ 的值就越小;若与 H 无关,则令 $\mathrm{CF}(H,E) = 0$。

2）证据不确定性的表示

简单条件或是组合而成的复合条件都可以构成规则知识的前提条件。推理前应首先计算出组合证据的不确定性，这是因为规则前件需要与组合证据进行匹配。现已有多种求出方法，如概率法、取最值法、有界法、Einstein 法和 Hmaacher 法等。其中，取最值法应用最为广泛：

当组合证据为多个单一证据的合取时，即

$$E = E_1 \ \text{and} \ E_2 \ \text{and} \ \cdots \ \text{and} \ E_n$$

若已知 $\text{CF}(E_1)$，$\text{CF}(E_2)$，$\cdots$，$\text{CF}(E_n)$，则

$$CF(E) = \min\{\text{CF}(E_1), \text{CF}(E_2), \cdots, \text{CF}(E_n)\} \tag{8-5}$$

当组合证据为多个单一证据的析取时，即

$$E = E_1 \ \text{or} \ E_2 \ \text{or} \ \cdots \ \text{or} \ E_n$$

若已知 $\text{CF}(E_1)$，$\text{CF}(E_2)$，$\cdots$，$\text{CF}(E_n)$，则

$$\text{CF}(E) = \max\{\text{CF}(E_1), \text{CF}(E_2), \cdots, \text{CF}(E_n)\} \tag{8-6}$$

3）不确定性的传递算法

不确定性推理使用 C-F 模型框架时，以不确定的初始证据为起点，利用不确定性知识推理，最终给出可信度值并得到结论。其中，结论 H 的可信度由下式得到：

$$\text{CF}(H) = \text{CF}(H,E) \times \max\{0, \text{CF}(E)\} \tag{8-7}$$

从式（8-7）能够看出，若 $\text{CF}(E) < 0$，即证据某种程度上为假，则 $\text{CF}(H) = 0$，说明该模型未考虑证据为假时对结论 H 产生的影响。当证据为真时，即 $\text{CF}(E) = 1$，可推出：

$$\text{CF}(H) = \text{CF}(H,E) \tag{8-8}$$

表明 $\text{CF}(H,E)$ 就是在前提条件对应的证据为真时结论 H 的可信度。

4）可信度的融合

计算综合可信度以解决相异知识推出了相同结论但可信度不一致的情况。考虑到多条知识的综合可通过两个一组合成实现，故以下只讨论 2 条知识的情况。设有如下知识：

$$\text{if} \ E_1 \ \text{then} \ H[\text{CF}(H,E_1)]$$

$$\text{if} \ E_2 \ \text{then} \ H[\text{CF}(H,E_2)]$$

则结论 H 的综合可信度可分如下两步求出，首先分别对每一条知识求出 $\mathrm{CF}(H)$：

$$\mathrm{CF}_1(H) = \mathrm{CF}(H, E_1) \times \max\{0, \mathrm{CF}(E_1)\}$$

$$\mathrm{CF}_2(H) = \mathrm{CF}(H, E_2) \times \max\{0, \mathrm{CF}(E_2)\}$$

然后用下式求出 E_1 与 E_2 对 H 的综合影响所形成的可信度 $\mathrm{CF}_{1,2}(H)$：

$$\mathrm{CF}_{1,2}(H) = \begin{cases} \mathrm{CF}_1(H) + \mathrm{CF}_2(H) - \mathrm{CF}_1(H) \cdot \mathrm{CF}_2(H), & \mathrm{CF}_1(H) \geqslant 0, \mathrm{CF}_2(H) \geqslant 0 \\ \mathrm{CF}_1(H) + \mathrm{CF}_2(H) + \mathrm{CF}_1(H) \cdot \mathrm{CF}_2(H), & \mathrm{CF}_1(H) < 0, \mathrm{CF}_2(H) < 0 \\ \dfrac{\mathrm{CF}_1(H) + \mathrm{CF}_2(H)}{1 - \min\{|\mathrm{CF}_1(H)|, |\mathrm{CF}_2(H)|\}}, & \text{其他} \end{cases}$$

$$(8-9)$$

8.2.3　改进的 C-F 模型

1. 基于 SWRL 的诊断推理规则

OWL DL 支持那些需要最强表达能力的推理系统的用户，但其作为一种本体语义描述方式，只能对概念和类别进行描述，不具备描述规则的能力，从而不能开展依赖规则的推理过程。SWRL(Semantic Web Rule Language)是一种基于 OWL DL 和 OWL Lite 语言以及一元(二元)数据记录 RuleML 的子语言结合而成的规则语言。用户可以根据 OWL 概念编写规则，并获得比单独使用 OWL 更强的推理能力。引入 SWRL 能在三种 OWL 子语言的平台上描述故障分析的推理规则，达到结合 OWL 知识库的目的。以下是两种推理规则形式：

(1) $\sigma(\alpha)$：σ 为类，α 是其某一个体

(2) $\rho(\alpha, \beta)$：ρ 为本体语义属性，α, β 为其数值或个体

根据液压系统故障诊断步骤设置相应的 SWRL 规则，其根本思路就是在专家系统知识库中搜索与故障现象匹配的现象要素。当匹配到库中的要素集合时，经推理输出"符合故障特点"，反之为"不符合"。

2. 构建 C-F 模型框架

然而很多实际情形中，仅由 SWRL 来简单比较某故障现象是否与现象要素匹配，无法处理液压系统故障这一复杂过程，设备出现的故障具有不确定性，不一定完全匹配某一故障原因；而相异的故障原因，有可能引起相似或雷同的故障现象，因而无法得

出确切的诊断结果。鉴于此，尝试将 C-F 这一模糊化推理模型引入本节，以确定故障现象和故障原因之间的匹配度。该理论提供了求得可信度以衡量不确定性推理的思路，奠定了可利用的故障诊断推理模型。不过故障诊断具有特殊性，区别于 C-F 的基本结构。

1) 可信度定义域

C-F 中证据 ε 的可信度定义域是 $(-1,1)$，但在实际操作中，专家系统对泵车液压系统故障诊断使用的 ε 可信度应为 0 或正数；对于负数即 ε 为假的情况，专家系统应不予采纳并抛弃处理。基于此，修正故障诊断推理模型的 ε 可信度定义域为 $[0,1)$。

故障要素的描述来自泵车液压系统操作人员的描述以及一些设备传感器的数据融合结果。真实故障便是 ε 的可信程度，由专家系统根据要素做出判断。有些情况下，来自操作人员的描述与实际存在较大偏差，使得可信度数值较小；传感器测得的数据更加可信，专家系统则会赋予其较高的数值。其数值的大小将直接决定最终诊断结论。

2) 可信度阈值

C-F 中没有提及，但是专家系统故障诊断时，需要可信度数值高于一定的门槛才予采纳。比如，主油缸行程逐渐变短这一现象是溢流阀阀芯卡死引起的密封回路油量异常减少的典型表现，专家系统只有确定了液压系统故障具有这个现象，才能推测故障原因或许为溢流阀阀芯卡死。换言之，当出现主油缸行程逐渐变短这一现象时，其可信度数值较大（比如 ≥ 0.75），专家系统才会将主油缸行程逐渐变短现象纳入判断范畴，否则容易引起误判。故本文引入可信度阈值 τ，可信度数值小于 τ 时该证据将不被采纳。τ 值的确定来自故障领域专家。

3) ε 的权重

C-F 默认全部的 ε 对全局的影响均为一样的，也就是权重一致，区别仅为 ε 的可信度。实际故障诊断中，泵车液压系统的故障现象特征对故障程度的反映有轻重之分。典型的特征能反映故障程度，个别的特征反映故障程度的作用稍差。比方说，对液压油压力不足故障的诊断存在两个特征，一是压力传感器的检测数值，二是主油缸活塞运行缓慢。导致主油缸活塞运行缓慢的因素很多，而传感器检测到的数值更能影响专家系统对液压系统故障原因的判断，设传感器数值对专家系统的作用为 0.75，而运行缓慢这个特征的作用仅为 0.25，由此可看出二者的权重不一样。本文为 ε 添加了权重 λ。

4）若干证据融合

C-F 处理证据集时有两种操作：析出与组合。故障诊断专家系统对证据的使用皆为"组合"，也即无无效证据，由证据组推出结论。

根据上述描述，同时结合故障诊断的特性，设计以下推理方案：

单证据基本推理：

$$\text{if } P \text{ then } C(\text{CF}(C,P),\tau) \qquad (8-10)$$

这里 P 为前提条件，C 为结论，$\text{CF}(C,P)$ 为这一知识可信度，其定义域为 $[0,1)$，具体值由专家系统决定。

多证据组合推理：

$$\text{if } P_1(cr_1,\lambda_1) \text{ and } P_2(cr_2,\lambda_2) \text{ and } \cdots \text{ and } P_n(cr_n,\lambda_n) \text{ then } C(\text{CF}(C,P),\tau)$$

$$(8-11)$$

这里，cr_i 表示 P_i 的可信度，定义域为 $[0,1)$。同时，存在 cr_i 的阈值 τ_i，当且仅当 $cr_i \geqslant \tau_i$ 时，P_i 才会被系统接受。λ_i 表示证据 P_i 的权重，其大小由专家确定，且存在：

$$0 \leqslant \lambda_i \leqslant 1 \,, \quad \sum_{i=1}^{n} \lambda_i = 1 \qquad (8-12)$$

计算证据组可信度：

$P = P_1(\lambda_1) \text{ and } P_2(\lambda_2) \text{ and } \cdots \text{ and } P_n(\lambda_n)$，同时 cr_i 存在以下条件：

$$\text{CF}(P) = \begin{cases} 0, & cr_i < \tau_i \\ \sum_{i=1}^{n} (\lambda_i \cdot \text{CF}(P_i)), & cr_i \geqslant \tau_i \end{cases}, \quad i = 1,2,\cdots,n \qquad (8-13)$$

当且仅当 $\text{CF}(P) \geqslant \lambda$ 时，证据组才会被系统接受。

计算结论可信度：

$$\text{CF}(C) = \frac{\sum_{i=1}^{n}(\lambda_i \cdot cr_i)}{\sum_{i=1}^{n} \lambda_i} \cdot \text{CF}(C,P), \quad i = 1,2,\cdots,n \qquad (8-14)$$

同等结论可信度组合：

$$\text{if} \quad P_i \text{ then } C(\text{CF}(C,P_i),\tau_i), \quad i = 1,2,\cdots,n$$

定义 $C_1 = CF(C, P_1) \cdot CF(P_1)$，有以下 C 的整体可信度的递推关系，对满足 $k > 1$ 的所有证据有：

$$C_k = C_{k-1} + (1 - C_{k-1}) \cdot CF(C, P_k) \cdot CF(P_k), \quad 当 k = n 时，CF(C) = C_k$$

$$(8-15)$$

按照各种 $CF(C)$ 取值范围，专家系统将推出相应的诊断结论：

$CF(C) \in [0.7, +\infty)$，明确故障情况，依据故障诊断结果给出解决故障的合理方案；

$CF(C) \in (0.4, 0.7)$，不能明确为何故障，仅作近似推断，需做进一步故障信息搜集；

$CF(C) \in (-\infty, 0.4]$，不予处理，故障信息数据不足，应重新采集数据。

8.2.4　验证改进的 C-F 推理

SWRL 的作用是利用本体概念编制推理规则，引入和根据故障诊断需要改进 C-F 为了对推理规则组织计算。考虑到推理机引擎并不能直接解释 SWRL，故这里借助 Jess 引擎进行规则推理，在此之前需先用 Protégé 内含的 Jess 插件完成 SWRL 到 Jess 的格式变换。

现以工程车辆液压系统故障为例，阐述推理规则的应用流程：

（1）泵送混凝土过程中液压系统油温过高，故障诊断系统采集该故障信息，并对故障现象进行描述，经分析处理，数据整理如表 8.4 所示。

表 8.4　油温过高故障信息整理数据

类　　型	故障现象	可信度 cr_i	可信度阈值 τ_i	权重 λ_i
主要故障现象一	正常泵送突然停止	0.93	0.73	0.44
主要故障现象二	很快达到溢流压力	0.93	0.73	0.26
次要故障现象一	液压油浑浊	0.90	0.60	0.06
次要故障现象二	溢流阀发出溢流声	0.77	0.60	0.04
温度计	油温高于上限	0.96	0.80	0.15
压力计	压力值高于上限	0.92	0.77	0.05

表 8.4 中，τ_i 是对故障现象设置的可信度阈值，λ_i 为各个故障现象的权重，体现各故障现象对于推出结果的重要性，这两个值都由故障领域专家给出，且为固定值。表 8.4 中每个故障现象的可信度 cr_i 都是由诊断系统根据工程车辆生产制造及使用情况确定的，可以看出，故障现象的可信度均高于阈值，即表中故障现象均影响最后结论。

（2）编写"主要故障符合"及"主要故障不符合"规则：

故障维修实例(?x)故障情况(?x,?y)∧主要故障现象(?y,?m)∧故障综合表现(?a)∧故障现象集(?a,?n)∧sameAS(?m,?n)→主要故障符合(?a,?m)

故障维修实例(?x)故障情况(?x,?y)∧主要故障现象(?y,?m)∧故障综合表现(?a)∧故障现象集(?a,?n)∧differentFrom(?m,?n)→主要故障不符合(?a,?m)

这里，对"主要故障符合"规则的可信度定义为：主要故障符合(cr_i,τ_i)，指的是该主要故障符合规则的推理结论是"符合"时，规则可信度直接使用证据可信度，τ_i 为规则可信度的阈值。

对"主要故障不符合"规则的可信度定义为：主要故障符合(0,τ_i)。可见，故障现象能否符合某个故障综合表现，其可信度只能是 cr_i（符合）或 0（不符合）。

同理，次要故障符合规则、温度计符合规则和压力计符合规则的可信度定义均为(cr_i,τ_i)；次要故障不符合规则、温度计不符合规则和压力计不符合规则的可信度定义均为(0,0.7)。

下面是系统内设置的故障综合表现推理规则：

if	主要故障现象一	符合(cr_1,τ_1)
and	主要故障现象二	符合(cr_2,τ_2)
and	次要故障现象一	符合(cr_3,τ_3)
and	次要故障现象二	符合(cr_4,τ_4)
and	温度计	符合(cr_5,τ_5)
and	压力计	符合(cr_6,τ_6)
then		符合故障综合表现($CF(C)$,τ)

主要故障现象二符合(cr_2,τ_2)表示，主要故障现象二符合这个前提条件可信度为

cr_2，可信度阈值为 τ_2。组合证据的可信度阈值 τ 为 0.7，推理可信度 $CF(C,P)$ 为 0.9。

　　将上述故障分别与堵管、液压马达严重内泄进行故障综合表现匹配，表 8.5 是两种故障知识。

表 8.5　　两种典型故障知识

故障类型	故　障　现　象	温度计	压力计	处理措施
堵管	泵送冲程的压力峰值随着冲程的交替而迅速上升，并很快就达到了设定压力，正常的泵送循环自动停止，主油路溢流阀发出溢流的响声	温度未高于上限	压力值持续高于上限	自动或手动反泵
液压马达严重内泄	马达在无负载情况下运行正常，但是声音会比正常的稍大，在负载下则会无力或者运行缓慢	温度达到或高于上限	压力远大于正常值	更换定子体内针柱或整体更换马达

　　首先将该故障与堵管的故障现象集合依照前述公式进行计算，其结果如表 8.6 所示。

表 8.6　　与堵管的匹配度计算

类　　型	故障现象	规则运行结果	可信度 cr_i	可信度阈值 τ_i	权重 λ_i
主要故障现象一	正常泵送突然停止	主要故障符合	0.93	0.73	0.44
主要故障现象二	很快达到溢流压力	主要故障符合	0.93	0.73	0.26
次要故障现象一	液压油浑浊	次要故障不符合	0	0.60	0.06
次要故障现象二	溢流阀发出溢流声	次要故障符合	0.77	0.60	0.04
温度计	油温高于上限	温度计不符合	0	0.80	0.15
压力计	压力值高于上限	压力计符合	0.92	0.77	0.05

　　由式（8-13）可知：

$$CF(P) = 0.44 \times 0.93 + 0.26 \times 0.93 + 0.06 \times 0 + 0.04 \times 0.77 + 0.15 \times 0 + 0.05 \times 0.92 = 0.7278$$

且对于组合证据，仅当 $CF(P) \geqslant \lambda$ 时才会被采纳，反之忽略。据此，该故障综合表现为堵管的证据可信度是 0.7278，符合大于 τ_i 值 0.7 的条件，故此组合证据应当采纳，即该

故障较大可能由堵管引起。另根据式(8-14)可得故障符合堵管的匹配度为

$$CF(C) = 0.7278 \times 0.9 = 0.65502$$

　　然后再将该故障与液压马达严重内泄的故障现象集合仿照上例计算,结果如表8.7所示。

表 8.7　与液压马达严重内泄的匹配度计算

类　型	故障现象	规则运行结果	可信度 cr_i	可信度阈值 τ_i	权重 λ_i
主要故障现象一	正常泵送突然停止	主要故障不符合	0	0.73	0.44
主要故障现象二	很快达到溢流压力	主要故障不符合	0	0.73	0.26
次要故障现象一	液压油浑浊	次要故障不符合	0	0.60	0.06
次要故障现象二	溢流阀发出溢流声	次要故障不符合	0	0.60	0.04
温度计	油温高于上限	温度计符合	0.96	0.80	0.15
压力计	压力值高于上限	压力计符合	0.92	0.77	0.05

　　同上例,有

$$CF(P) = 0.44 \times 0 + 0.26 \times 0 + 0.06 \times 0 + 0.04 \times 0 + 0.15 \times 0.96 + 0.05 \times 0.92 = 0.19$$

也即该故障综合表现为液压马达严重内泄的证据可信度是0.19,不符合证据采纳条件,应当忽略,故系统不作出故障由液压马达严重内泄引起的结论推断。

　　图8.4为C-F模型改进前后以及仅含SWRL的对比测试,测试样本来自文献硕士研究生论文《基于本体的泵车液压系统故障知识管理与推理应用》的本体知识抽取结果。从图中可以看出,改进后的C-F模型其推理准确率远高于C-F模型的原型,这是因

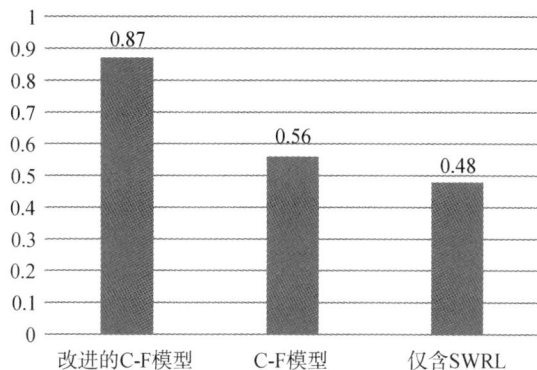

图 8.4　推理结果准确率对比

为改进后的C-F模型针对泵车液压系统的故障实际情况做出了相应优化，更适用于这一特定的应用背景；此外还能看出，仅使用 SWRL 确实较难针对液压系统故障给出确切的诊断结果。

8.3　基于本体的故障推理系统的设计与实现

面对工程车辆液压系统存在的故障诊断知识分散、异构等问题，在8.1节中提出了使用混合本体的知识融合策略，实现了多源异构知识的共享和重用，8.2节以此为知识基础设计了改进的知识推理模型。本节以某型工程车辆为应用对象，采用 Protégé 作为知识库的编辑器，使用 C♯语言编制系统程序，利用 API 接口设计并实现了采用多源异构知识本体为基础的故障推理系统。

8.3.1　系统设计目标

工程车辆造价高、运营开销大，对其的维护诊断历来是研究探索的重点领域。建立一套完整的工程车辆液压系统知识系统就是为了将分散在企业间或部门之间的用于维护诊断的多源异构知识进行集成，达到知识共享和重用的目的，并以此为基础实现工程车辆液压系统的故障知识推理与维护优化，为工程车辆运营企业提供维护诊断决策，为工程车辆生产企业提供售后保障依据。因此，故障推理系统应具有以下几方面要素：

（1）设计专用的收集机制，以解决知识存储分散、语义异构等现状。

（2）收集到的知识应进行融合集成，以利实现知识的共享与重用。

（3）以本体知识为基础实现对已有知识的检索并能推理出蕴含知识，为工作人员提供维护诊断决策支持。

（4）鉴于工程车辆液压系统的维护诊断知识需要不断地更新累积，知识库应具备良好的扩展性。

8.3.2　系统总体结构

为便于总体把握工程车辆液压系统的故障推理系统的设计结构，首先进行了系统整体框架的设计规划（如图 8.5）。由此框架可以看出，分布在各个企业、各个部门的不同知识源的局部本体通过连接与全局本体形成一定的映射，并发布该局部本体能够提供的服务。当工作人员需要此系统提供维护诊断知识服务时，可以登录系统并打开对应的模块子程序，提交需要检索的维护或故障诊断知识，系统将此检索需求传递给知识检索引擎，引擎进一步根据全局本体与局部本体之间的映射关系以及局部本体发布的服务信息把检索请求传递到映射的局部本体，然后接收各个局部本体反馈的结果并进行融合，使用融合的知识在推理机的作用下各功能模块给出推理生成的维护或故障诊断知识，用于辅助工作人员进行决策。

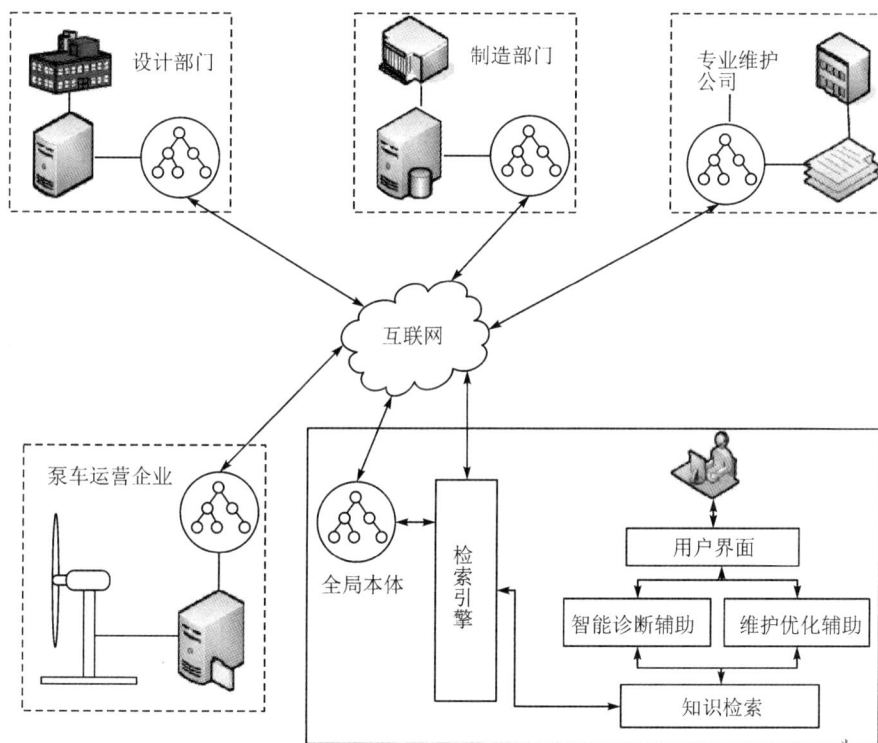

图 8.5　原型系统的整体框架

8.3.3　系统功能描述

在图 8.5 所示的整体框架的基础上，进行了原型系统的设计开发。该系统将在融合工程车辆行业各类维护、诊断知识的基础上，为工作人员提供可靠的维护诊断决策支持。以下是主要功能的简要介绍：

（1）用本体对工程车辆液压系统的多源异构知识进行描述，并构成整体库。

（2）允许编辑知识，包括增添、修改、删除等操作，方便知识库更新。

（3）实现工程车辆液压系统故障的推理诊断，提供故障位置、故障原因等信息，给出诊断意见，帮助工作人员做出维修决策。

（4）生成维修计划和故障报表，便于存档。

受篇幅所限，此处主要对部分关键功能模块进行介绍，包括工程车辆液压系统本体知识库模块、知识处理模块以及故障知识推理模块。

1．本体知识库模块

本体知识库使用 Protégé 开发环境构建，逐步编辑完成类、属性、数据类型以及领域规则等。全局本体是整个本体的中心，同时也是局部本体的基础，它承载了设备元部件、故障原因、故障现象和故障诊断等基本类及其联系，开发过程如图 8.6 所示。

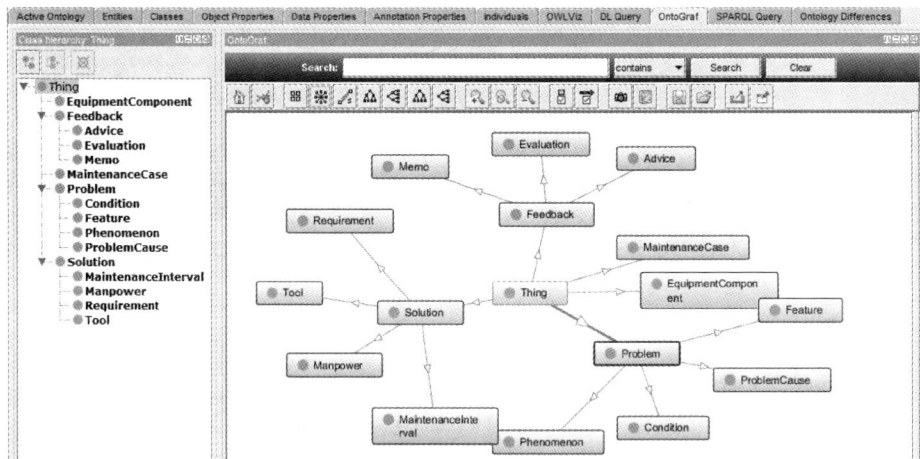

图 8.6　全局本体的开发界面

设备结构本体是从硬件层面对工程车辆液压系统的知识进行描述，其结构如图 8.7 所示。其他各个局部本体均以类似的形式对工程车辆液压系统的维护诊断等各领域知识进行了描述，并以 OWL 格式的文件存储，和全局本体一道共同构成系统的知识库。

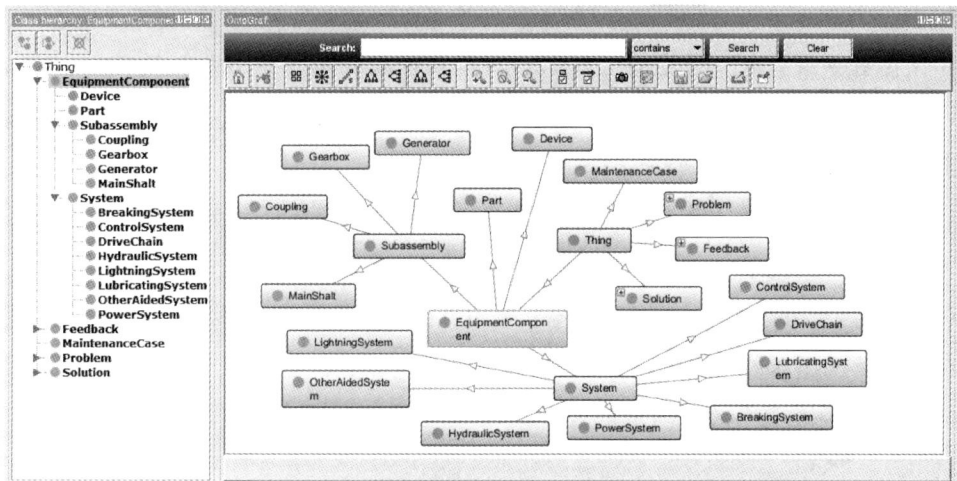

图 8.7　设备结构本体的开发界面

2. 知识处理模块

故障知识推理需要基于本体知识的相关处理操作，离不开知识的检索和映射。局部本体从对应的知识源当中提取知识，完成知识库填充；局部本体同全局本体之间以本体映射的方式进行互相联系，形成知识集群。推理时先在全局本体中进行检索，再依据映射关系检索相关的局部本体。知识处理模块采用 C# 语言在 Visual Studio 2013 社区版环境下调试开发，基于 Jena 的 API 能够方便地实现存取、编辑、删除和检索本体库等操作。

3. 故障知识推理模块

将领域知识本体化，不仅大幅提高了知识利用的效率，同时也奠定了知识推理的基础。基于本体的推理不仅可以检测知识冲突，还可以推理出蕴含知识。故障知识推理模块依据第 8.2 节改进的 C-F 模型进行设计，采用事实驱动的正向推理机制，能够根据工作人员提交的事实给出相应结论，符合泵车液压系统故障诊断的一般情形。推理过程如下：首先提取全部本体事实，然后进行事实与规则的前提匹配，触发成功匹配的规则后将推理结论作为新事实反馈到本体事实集合中，进行再一次前提匹配；反复进行此过程，直到可匹配规则为空或未有新事实产生为止。

4. 系统特点

相比传统系统，本节开发的工程车辆液压系统故障推理原型系统具有以下特点：

（1）具有强大的数据处理能力，能够存储、分析、处理、显示各种实时或历史数据，为后期针对特征数据的挖掘提供了一定的支撑。

（2）友好的人机交互界面，使用 API 接口大量隐藏了底层的分析处理过程，简化了工作人员的操作，便于学习使用。

（3）采用 C♯ 的结构数组管理数据，通用性强、操作灵活，满足了故障诊断的需要。

（4）故障推理功能可靠，基于丰富的本体知识以及改进的推理模型可以实现绝大多数的工程车辆液压系统故障诊断。

8.3.4　系统应用实例

系统的硬件设备包括 4 台电脑和两台嵌入式 ARM9 工控板，其中 3 台电脑存储着不同领域知识源的局部本体，另一台电脑则作为主服务器存储全局本体；两台工控板负责采集液压系统的动态数据；这六台计算机通过 VPN 建立连接，为全局检索营造条件。原型系统的主程序在主服务器上运行，通过人机交互界面为用户提供各项功能。

图 8.8 展示的是原型系统的用户登录界面，通过验证后将进入图 8.9 所示的功能

图 8.8　系统登录界面

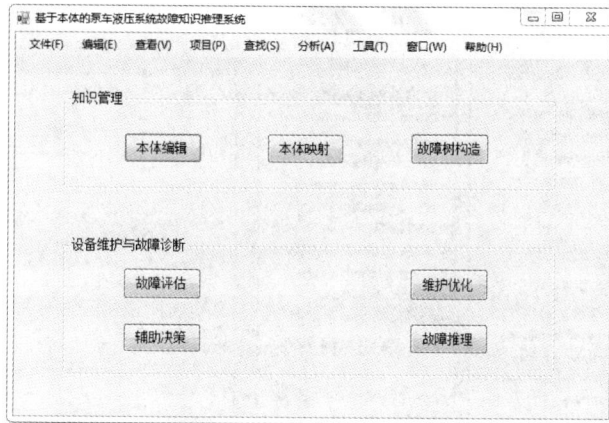

图 8.9 功能选择界面

选择界面。本文通过故障诊断推理应用实例来验证泵车液压系统故障推理原型系统的有效性，采用泵车液压系统的 FMECA 本体，选取泵送系统进行分析，设备部件包括摆缸、四通阀、溢流阀等，其中摆缸的 FMECA 报表如表 8.8 所示，表中与故障推理无关的内容已略去。抽取表中内容并转换为本体，然后存入本体结构中（如图 8.10 所示），图中自左向右分别是本体的类、个体以及属性信息。

表 8.8 液压系统摆缸 FMECA 报表

设备名称	故障模式	局部影响	深层影响	最终影响	故障原因	α_j	β_j	λ_p
摆缸	异响	失效趋势加快	影响泵送系统换向	泵送高度不足	蓄能器氮气压力不足	0.09	0.2	33.6
摆缸	异响	失效趋势加快	影响泵送系统换向	泵送高度不足	主油泵内的梭阀卡滞	0.37	0.1	33.6
摆缸	不能正常换向	摆缸失效	泵送系统失效	无法有效泵砼	摆缸四通阀内的堵头脱落	0.11	0.3	33.6
摆缸	不能正常换向	摆缸失效	泵送系统失效	无法有效泵砼	进油口单向阀卡滞	0.19	0.6	33.6
摆缸	不能正常换向	摆缸失效	泵送系统失效	无法有效泵砼	恒压泵或双联齿轮泵损坏	0.07	0.4	33.6

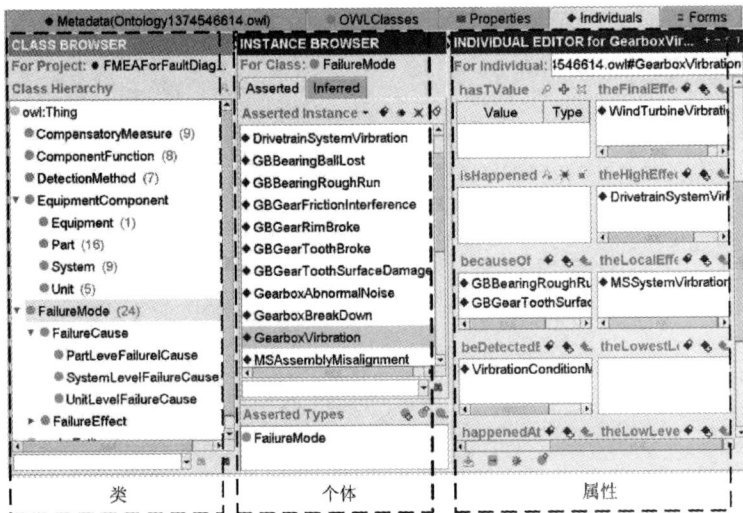

图 8.10　摆缸本体的 Protégé 界面图

　　令摆缸故障的 isHappened 属性为 true，使之成为推理规则被触发的事实，调用 SWRL 转换子程序将本体及规则转换为事实库与规则库并执行故障推理操作，推理得到的结果将返回至本体(如图 8.11 所示)。依据实际情况，摆缸失效属于设备级故障，由推理规则可得到其在零件级的故障原因，并由故障模式属性推知故障位置和检测方法，模式属性值还可作为同层级故障原因的权重排序标准。系统的软件界面如图 8.12 所示。

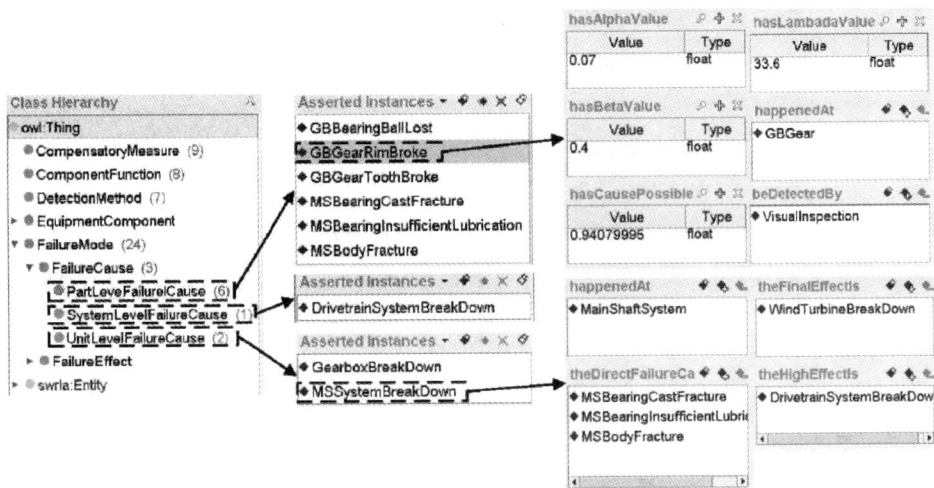

图 8.11　摆缸失效的故障推理结果

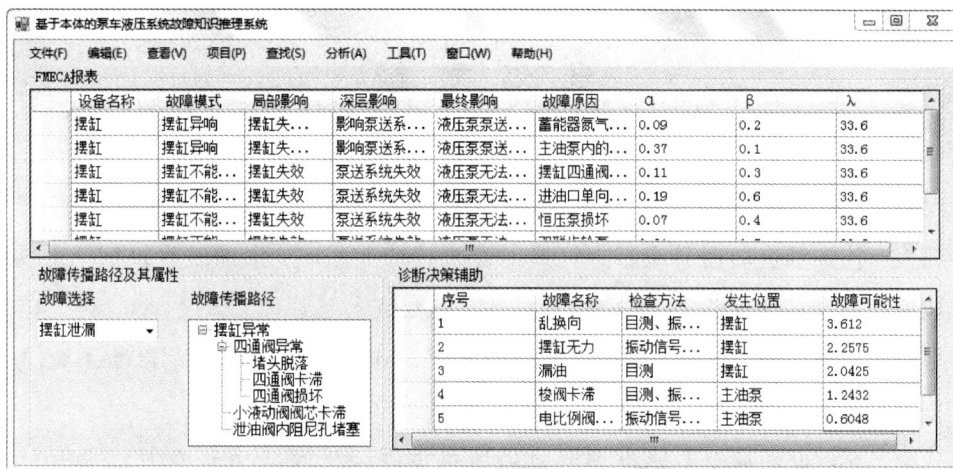

图 8.12　系统故障推理界面

参 考 文 献

[1]　韩学松. 2014 年中国工程机械主要设备保有量[J]. 今日工程机械，2015，08：52－54.

[2]　祁俊. 扎实推进转型升级努力打造工程机械产业强国：中国工程机械工业协会四
　　　届四次会员代表大会形势报告[J]. 建设机械技术与管理，2014，11：34－40.

[3]　郭晓龙，宋仁旺，任鹏. 基于 Wi-Fi 的工程机械远程故障"双核"诊断系统[J]. 化
　　　工自动化及仪表，2015，42(10)：1141－1146.

[4]　任鹏，宋仁旺. 基于本体推理的故障信息关联及诊断应用研究[J]. 燕山大学学
　　　报，2016，40(04)：301－310.

[5]　任鹏，宋仁旺. 基于本体的混凝土泵车液压故障诊断方法[J]. 机床与液压，2016，
　　　44(15)：189－192.

[6]　石慧，宋仁旺，张岩，等. 基于核密度估计和随机滤波理论的齿轮箱剩余寿命预
　　　测方法[J]. 计算机集成制造系统，2020，26(03)：632－640.

[7]　宋仁旺，张岩，石慧. 基于 Copula 函数的齿轮箱剩余寿命预测方法[J]. 系统工程
　　　理论与实践，2020，40(09)：2466－2474.

[8]　宋仁旺，王莉峰，石慧. 基于深度置信网络集成的齿轮剩余寿命预测[J]. 组合机
　　　床与自动化加工技术，2021(03)：70－73,79.

[9]　宋仁旺，苏小杰，石慧. 基于空间分布优选初始聚类中心的改进 K－均值聚类算法
　　　[J]. 科学技术与工程，2021，21(19)：8094－8100.

[10]　石闪闪. 工程机械远程故障诊断中的数据处理技术研究[D]. 太原：太原科技大
　　　　学，2014.

[11]　郭晓龙. 基于物联网的远程故障诊断智能装置研究[D]. 太原：太原科技大
　　　　学，2015.

[12]　任鹏. 基于本体的泵车液压系统故障知识管理与推理应用[D]. 太原：太原科技
　　　　大学，2016.

[13]　郭刚. 基于状态监测的齿轮箱剩余寿命预测研究[D]. 太原：太原科技大

学，2020.

[14] 王莉峰.基于深度置信网络的风电机组剩余寿命预测研究[D].太原：太原科技大学，2020.

[15] 谢宇航，王世成.工程车辆液压传动系统构成分析及工作参数配置[J].汽车实用技术，2017(20)：135-138.

[16] 刘保杰，杨清文，吴翔.液压系统故障诊断技术研究现状和发展趋势[J].液压气动与密封，2016(8)：68-71.

[17] 王鹏宇，赵世杰，马天飞，等.基于联合概率数据关联的车用多传感器目标跟踪融合算法[J].吉林大学学报：工学版，2019(5)：1420-1427.

[18] 袁侃，胡寿松.基于本体的飞机舵面结构故障诊断方法[J].系统工程理论与实践，2012，08：1826-1830.

[19] ZHANG X, DE PABLOS P O, XU Q. Culture effects on the knowledge sharing in multi-national virtual classes：A mixed method[J]. Computers in Human Behavior, 2014, 31：491-498.

[20] NESHEIM T, GRESSG RD L J. Knowledge sharing in a complex organization：Antecedents and safety effects[J]. Safety Science, 2014, 62：28-36.

[21] 周东华，魏慕恒，司小胜.工业过程异常检测、寿命预测与维修决策的研究进展[J].自动化学报，2013(06)：711-722.

[22] 文成林，吕菲亚，包哲静，等.基于数据驱动的微小故障诊断方法综述[J].自动化学报，2016，42(9)：1285-1299.

[23] 赵磊，张永祥，朱丹宸.复杂装备滚动轴承的故障诊断与预测方法研究综述[J].中国测试，2020，46(03)：20-28.

[24] 徐可，陈宗海，张陈斌，等.基于经验模态分解和支持向量机的滚动轴承故障诊断[J].控制理论与应用，2019，36(6)：915-922.

[25] LU W N, LI Y P, CHENG Y, et al. Early fault detection approach with deep architectures[J]. IEEE Transactions on Instrumentation and Measurement, 2018, 2(99)：1-11.

[26] ZHAO R, WANG D, YAN R, et al. Machine health monitoring using local

feature- based gated recurrent unit networks[J]. IEEE Transactions on Industrial Electronics，2017，65，1539－1548.

[27] 王红君，赵元路，赵辉. 基于EEMD小波阈值去噪和CS－BP神经网络的风电齿轮箱故障诊断[J]. 机械传动，2019，43(01)：106－112.

[28] 谢佳琪，尤伟，沈长青. 基于改进卷积深度置信网络的轴承故障诊断研究[J]. 电子测量与仪器学报，2020，(2)：36－43.

[29] 昝涛，王辉，刘智豪. 基于多输入层卷积神经网络的滚动轴承故障诊断模型[J]. 振动与冲击，2020，39(12)：147－154.

[30] 周真，周浩，马德仲. 风电机组故障诊断中不确定性信息处理的贝叶斯网络方法[J]. 哈尔滨理工大学学报，2014，19(1)：64－68.

[31] WANG Y L, WANG Z W, HE S W, et al. A practical chiller fault diagnosis method based on discrete Bayesian network[J]. International Journal of Refrigeration，2019，102：159－167.

[32] 李仲兴，陈震宇，薛红涛，等. 基于DBNs的轮毂电机机械故障在线诊断方法[J]. 振动. 测试与诊断，2020，(4)：643－649.

[33] KAMMOUH O, GARDONI P, CIMELLARO G P. Probabilistic framework to evaluate the resilience of engineering systems using Bayesian and dynamic Bayesian networks[J]. Reliability Engineering & System Safety，2020：106813.

[34] 李恒，张氢，秦仙蓉，等. 基于短时傅里叶变换和卷积神经网络的轴承故障诊断方法[J]. 振动与冲击，2018，37(19)：132－139.

[35] 王建国，吴林峰，秦绪华. 基于自相关分析和LMD的滚动轴承振动信号故障特征提取[J]. 中国机械工程，2014，25(002)：186－191.

[36] 路敦利，宁芊，杨晓敏. KNN-朴素贝叶斯算法的滚动轴承故障诊断[J]. 计算机测量与控制，2018，26(06)：29－31.

[37] 张继旺，丁克勤，王洪柱. 基于VMD－CNN的滚动轴承早期微弱故障智能诊断方法[J]. 组合机床与自动化加工技术，2020，561(11)：20－24.

[38] 徐可，陈宗海，张陈斌，等. 基于经验模态分解和支持向量机的滚动轴承故障诊断[J]. 控制理论与应用，2019，36(6)：915－922.

[39] 雷亚国，贾峰，孔德同，等. 大数据下机械智能故障诊断的机遇与挑战[J]. 机械工程学报，2018，54(05)：94-104.

[40] 赵晓明，孙希德. 基于大数据的风电设备远程故障监测与诊断系统研究[J]. 电力大数据，2019，22(04)：22-29.

[41] 姚乐. 面向大规模数据的工业过程分布式并行建模及应用[D]. 浙江：浙江大学，2019.

[42] SHAOMIN Z, DONG M, BAOYI W. Application of big data processing technology in fault diagnosis and early warning of wind turbine gearbox[J]. Automation of Electric Power Systems，2016，040(014)：129-134.

[43] 蒋玲莉，莫志军，陈安华，等. 一种聚类优化融合故障诊断方法及其应用[J]. 中国机械工程，2016，27(15)：2055-2059.

[44] 金国强. 基于深度学习的复杂工况下端到端的滚动轴承故障诊断算法研究[D]. 合肥：中国科学技术大学，2020.

[45] 尹诗，侯国莲，胡晓东，等. 风力发电机组发电机前轴承故障预警及辨识[J]. 仪器仪表学报，2020，41(05)：242-251.

[46] 陈鹏. 关键传动件变工况下的时变信号特征表征及自适应监测诊断方法研究[D]. 成都：电子科技大学，2020.

[47] 姜万录，李振宝，雷亚飞，等. 基于深度学习的滚动轴承故障诊断与性能退化程度识别方法[J]. 燕山大学学报，2020，44(06)：526-536.

[48] 齐咏生，樊佶，李永亭，等. 一种改进的解卷积算法及其在滚动轴承复合故障诊断中的应用[J]. 振动与冲击，2020，39(21)：140-150.

[49] 章雅楠，孙建平，刘新月. 基于改进 Elman 神经网络的故障诊断模型研究[J]. 华北电力大学学报(自然科学版)，2021，48(01)：76-84.

[50] 王尔申，宋远上，佟刚，等. 基于 SVM 的低空飞行冲突探测改进模型[J]. 北京航空航天大学学报，2021，1-9.

[51] 卢龙，宋仁旺，康琳. 基于正六边形网格划分的改进非均匀分簇算法[J]. 太原科技大学学报，2019，40(02)：105-110.